# 柴犬ゴンの病気やっつけ日記

がんと向き合った7カ月

影山直美

**ゴン** 16歳

好きなもの

カナブン、プリン、
豆腐、魚、チーズ

苦手なもの

お薬

体調が悪くても
台所観察を怠らない
がんばり屋の食いしん坊。

体はやせても、
なぜか首まわりの
たるみは健在。

最近の得意技

壁や、そばにいる人に
寄りかかって立つこと。

## 柴

犬のゴンは私が初めて飼った犬です。年は16歳。人間でいうと80歳を過ぎたくらいのおじいちゃんです。この年になるまで大きな病気もせず、快食快便の毎日を送ってきました。子犬の頃から15歳までで、下痢をしたのはたったの3回。お腹《なか》が丈夫なのが自慢です。

ゴンには弟分がいます。名前はテツ、8歳。こちらは人間でいうと48歳くらい。そこそこオジサンのはずですが、見た目と行動がいかにも「下の子」といった感じ。まだまだ甘えん坊で、やんちゃなところが抜けません。

テツはいまだに、子犬の頃のようなケンカごっこをゴンに仕掛けることがあります。ゴンはたいてい聞こえないふりをしていますが、たまに「やれやれしょうがないな」という顔で付き合っています。お兄ちゃんは大変だ。

## テツ　8歳

好きなもの

お皿、ササミ、豆腐、
はんぺん、チーズ

苦手なもの

たくさん
ありすぎて…

ビビリ屋で
蚊の羽音が怖い。
かつては
『キレ系暴れ犬』と呼ばれた。

フードのお皿が好きで
何時間でも守ってしまうので
お皿は御法度。
ゴハンは飼い主の手から
食べている。

**夫**　50歳

会社員

好きなもの

日本酒

苦手なもの

ニラ
整理整頓

**私**　50歳

イラストレーター

好きなもの

お酒を少々…

苦手なもの

生卵
立食パーティ

こうしてずっと元気な日々を送っていたゴンですが、15歳の冬、年が明けた頃から通院とお薬が日常のことになってしまいました。下痢をするようになったのです。

動物病院に行って血液検査もしましたが、はっきりとした原因はわかりません。冷えたのかな、「お年」だから腸が弱ってきたのかな、私はそんな風に考えていました。

その後、下痢は治ったり悪くなったりを繰り返し、春になる頃にはゴンはすっかりやせてしまいました。今思えば、それが大きな病気の前ぶれだったのかもしれません。

# 目次

## 1章 がんとわかるまで

## 2章 しっかりしなくちゃ

## 3章 日々のお世話

目次

## 4章 ゴンの旅立ち

＊この本に書かれている治療法やお世話の方法などは一例で、同じ病気の他のケースに当てはまるものではありません。病院の先生と相談をして、それぞれの愛犬に合った治療法・お世話の方法を選択してください。

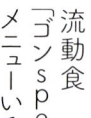

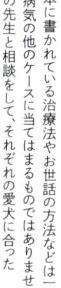

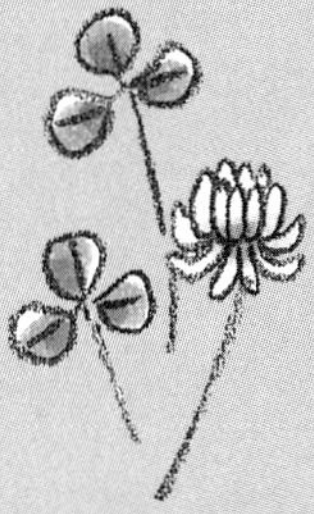

# 1章 がんとわかるまで

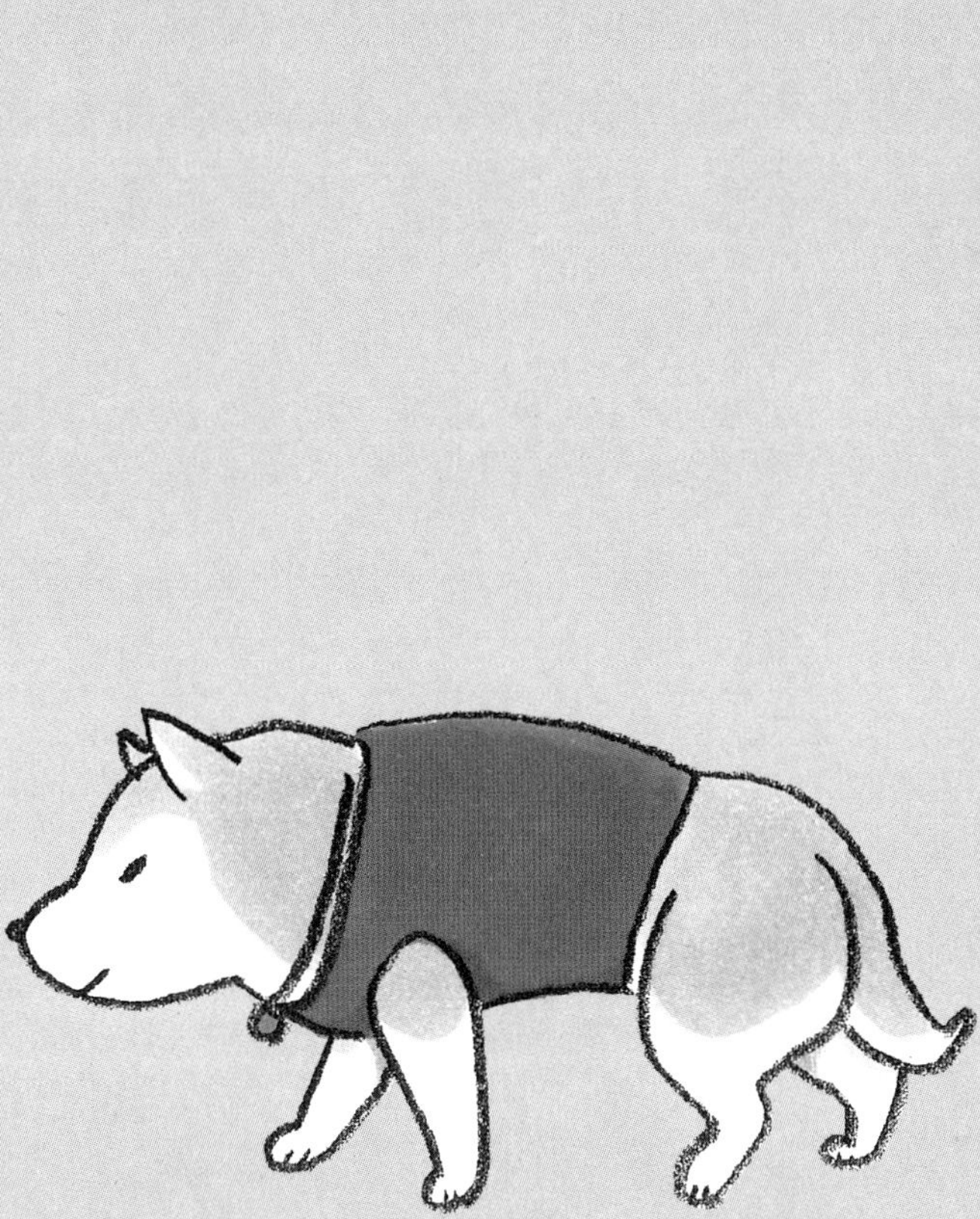

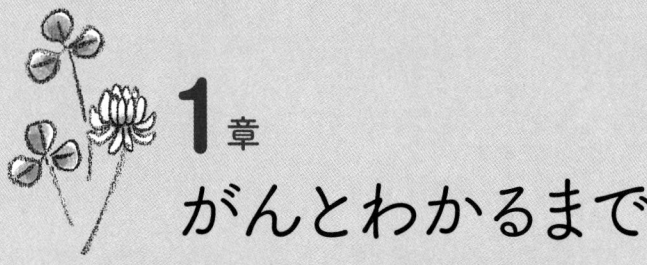

# 1 病気発見のタイミング

私は毎日、ゴンとテツの日記をつけています。テツが来てから始めたので、かれこれ8年。日記用の小さなクロッキー帳が、33冊目になりました。２０１３年の日記をたどると、2月中旬に「ゴン、夜に水をがぶ飲みしてオシッコ、ジャージャー」と書いてあります。

それを読んでハッとしたのは「そうか、この頃はまだ自分で水を飲めていたんだ」ということでした。

ゴンは２０１３年6月に、がんにかかっていることがわかりました。口の中、舌の付け根あたりに腫瘍ができてしまったのです。病名は

「扁平上皮《へんぺいじょうひ》がん」というものでした。
進行が早くて、１カ月ほどの間に腫瘍はブドウみたいな大きさになりました。その腫瘍が邪魔して、自力で水を飲んだりゴハンを食べたりできません。それで私や夫が頃合いを見計らって水を飲ませたり、流動食をあげたりするようになったのです。ゴンが自分で水を飲んでいたことが懐かしく思えるほど急展開の日々でした。

思い起こすと、あそこでなぜ検査をしてと言わなかったんだろうとか、あのとき先生にもっとよく診てとお願いすればよかったなどと「病気発見のタイミング」がいくつもあったことに気づきます。でも、当時はがんなど疑う余地もありませんでした。だって1月ぐらいから下痢を繰り返していたゴンは、2週間に1回くらいの割合で通院していたんです。月に1回は血液検査もしていたから、これならむしろ大きのん気だった2月の晩…

アッハハ
私はゴンを
ひざの上に座らせ、
ワイン片手に
TVを見ていた。
わいわい

はっ
ふと気がつくと
ゴンがグラスを
なめてた！
おとなしくして
ると思ったら…。

しらんぷりっ
油断ならん…

な病気を比較的早めに発見できると、私は信じきっていました。

変だなと思い始めたのは3月中旬。食欲が落ちることなど全くなかったゴンが、ゴハンを食べなくなったからです。水も口にしません。もちろん動物病院に連れて行きましたが、はっきりした原因がわからず、吐き気止めなどを処方されて帰宅しました。

その後、ゴハンを柔らかいものに替えたり手で食べさせたりと試行錯誤。3日目からなんとか食べてくれるようになりましたが、その食べ方はとても辛《つら》そうでした。首を右へ傾けて、舌ですくい取るようにして食べるのです。今ならその原因がわかります。腫瘍ができ始めていたか、違和感があったのでしょう。ここで発見したかった……。

先生に「歯が悪いんじゃないかしら」と言いゴンの口の中を診てもらいました。でも、この時点で見つけることは難しかったのでした。

なんとか、柔らかいものなら
食べられるようになったゴン。
それでも、ちょっと食べただけで
やめてしまう日もあった。

首を傾けて横から食べるので
疲れちゃうようだった。
手伝ってあげると
やっと完食。

なぜか、
最初から
手伝おうとすると拒否された！

なんとか工夫して
水を飲んでいたけど、
音がするわりには
ちゃんと飲めていなかったかも。

# 2 ゴンはこんなはずじゃない！

5月の初め、ゴンの体調が良さそうなので、家族全員で七里ケ浜へ行きました。曇っているので犬にとってはちょうどいい散歩日和です。

ゴンとテツにとっては久しぶりの海。潮風が気持ちよかったのか、2匹とも次々にオシッコ、ウンチ。ポーズをとったゴンがよろけて、砂の上にドシッと尻もち。「わーっ！」と夫。もしかしてウンチ踏んじゃったか!?

……ふぅ、大丈夫でした。この日はみんな晴れ晴れとした気分。下痢を繰り返していたゴンの調子もだいぶ良くなってきたし、あとは体力をつけて体重を戻していかなきゃね。

ゴンは半笑いのまま、
波打ち際でどしっと
尻もちをついた。

健脚だったゴンも、
最近はすっかり
踏んばりがきかなくなりました。

他の犬への興味も薄れ、
ひたすらに我が道を行くゴン。

それでも、散歩中に
しつこくニオイかぎを
やってから、マーキングを
することもあります。

あいかわらずゴハンを食べるときは首を傾けているゴンですが、食欲は旺盛。でも、体重は10ｇも増えていかないんです。なんでだろう。年をとると、回復にこんなにも時間がかかるんだなぁ……。気長にやるかと思っていた矢先、またゴンに変化が。ヨダレを垂らし始めたのです。いつも口が少し開いていて、タラ〜ッと垂れている。お年だから？　まずはそう思いました。ところが日を追うごとに、ヨダレがネバネバしてきて、においも強くなってきた。これはやっぱりおかしい！

＊

動物病院に連れて行くと、先生はゴンの前でわざと手のひらをパッと広げて怒らせました。カッと言って口を大きく開けるゴン。その舌の付け根に、ありました。ポコッとオデキが……。いや、オデキとい

ゴンとテツ交互にオヤツを
あげていたときのこと。

急にテツが
いやがったので、
何かと思ったら……。

私の手についた
ゴンのヨダレが
いやだったみたい。

こんなことは初めて。
もしかして、ゴンの
病気を一番最初に
発見したのは、
テツかもしれないなぁ。

うには大きい。親指の先くらいあったでしょうか。だからか！　これがあったからゴハンが食べづらかったんだ。でも、これ何？

先生は、「腫瘍ではないね」と言いました。表面がつるんとしてきれいだからって。何だかわからないけど腫瘍ではないんだ〜、ホッ。とりあえずお薬を飲んで様子を見ることになり、帰宅。

でもゴンがもうろうとした様子になってきたのと、それとやっぱり「オデキ」が何なのかは気になる。

「年齢的に切除も厳しい。ゴハンは食べづらいけど、付き合っていくしかないねぇ」って先生は言うけど。なんか違うような気がする。ゴンはこんなはずじゃない。何か、私がやるべきことがあるはずだ。

私はテツのしつけの先生（獣医）に電話してみました。すると先生

はやや緊迫した感じで「なるべく早く連れてきて」と言いました。ご自分の予定を変更して、診察してくれるというのです。あぁ、よかった。オデキが何なのかわかれば、スッキリするもの。

＊

しつけの先生を訪ねると、「こんなにやせて……」と言ってから、ゴンの口の中を診てくれました。そしてすぐに「これは腫瘍だよ」と言ったのです。それからレントゲンを撮り、その判断に確信を持つと、大学病院に2日後の予約を取ってくれました。ものすごいスピードでクルクルと状況が変わっていきます。

しつけの先生は言いました。「このコはまだまだ大丈夫。生きようって気があるもの。見てごらん、歯だってこんなに残ってる。やれるしつけの先生のところへは、車で1時間弱。

テツはクレートの中。

ゴンは後部座席の
私の足元にいます。

ゴンは
ここが一番安定するみたい。

## ペット タクシー

私が運転できないので、
サッと動物病院へ連れて
行けないのがもどかしい。

後から「ペットタクシー」という
ものがあったっけ！と思い出し、
ネットで調べたら家の近くにも
ありました。

いざという時のために
詳細を問合せておきました。

ことをやってあげましょう」と。

ゴンちゃんどうしよう、大変なことになってるかもしれない。ゴンは、ぼんやりしていました。わかっているのか、いないのか……。

さっそく作戦会議です。ゴンの移動の負担やスケジュールの関係で、大学病院へはしつけの先生が車で連れて行ってくれることに。ゴンはそのまま先生のところへ2泊し、私とは当日に現地で待ち合わせです。

「ゴンちゃん、ちゃんと迎えにくるからね。マッテナサイ」

声をかけると、ボーッと座っていたゴンが急に立ち上がり、私についてこようとしました。あぁ、ゴン……、こんなに耳が遠くて目も見えないおじいちゃん犬のゴンでも、置いてかれることがわかるんだ。2泊は長いよね。我慢させてごめん。

お泊まりが決まってケージに入っていたゴンに、
タオルを持って行った。

ゴンは、ケージの外へと
ジャンプするように大きく踏み出した。
私と一緒に帰ろうとしたのです。

## 3

# ゴンと私、長い1日

大学病院での診察初日は、何カ月もの日々が凝縮されたような1日となりました。担当の先生は、ゴンのオデキを見ただけで悪性腫瘍だとわかったようでした。

そして「詳しい検査をするので30分ほどお預かりします」と先生が言うと、ウトウトしていたはずのゴンがガバッと起き上がり、帰ろうとしました。みんな、「おおっ!」って言って大笑い。

またしても置いていかれまいとするゴン。何でも聞いてる。うかつにゴンの前で病気のことなんか話せないね。

その後、しつけの先生と私は、待合室でテレビを見ながらぽつぽつ

と世間話をして時間をつぶしました。しばらくすると、先生が奥から出てきて、検査の結果と今後の治療について話してくれました。

それによるとゴンのオデキは口腔腫瘍。詳しくは病理検査の結果待ち。

治療の方法は、切除、放射線治療、抗がん剤の3つがある。

切除する場合は、下あご全部を取らねばならない状態である（それでもゴハンは食べられる）。

放射線治療は、ここでは通常4回やるが、そのたびに全身麻酔をかけなければいけないので、リスクが心配。

抗がん剤は口腔腫瘍には効きにくいうえ、副作用が心配される。年齢的にもゴンには厳しいと思われる。

さあ、どうする？　そう、そこで私はいきなり決断をしなければならなくなったのです。飼い主って、こういうことなんだ……。

夫には、事前に確認を取ってありました。もし話が急速に展開して、その場で何か決めなければならなくなったら。そのときは私が決めていいよね？と。夫は「判断は任せる。とにかくゴンが少しでも楽になれることが大事だから」と言いました。

私は先生に質問をひとつしました。

「ポコッと出ている腫瘍だけ取るのはどうなんですか。意味がないんでしょうか？　食べるのだけでも楽になるのでは？」

先生の話では、今は腫瘍の表面がつるんとして丈夫だが、切った後の皮膚はボコボコして出血するかもしれないとのこと。あぁ、いやだ、ゾッとする、それは良くないな……。

もうひとつ、勇気をしぼり出して聞いてみた。「もし、何も治療しなかったら腫瘍はどうなるんですか？」

「このままだと腫瘍がふくれあがって、1カ月後には物をいっさい食べられなくなって、そして衰弱して……」

先生は、その先は言わなかったっけ。

どの辺りから泣いていたんだろう。しっかりしなくちゃと思う心とは裏腹に、私はあふれ出る涙が止まらなくなっていました。

＊

先生と話し合った結果、ゴンは放射線治療を受けることにしました。

ただし麻酔に耐えられるかどうか心配なので、1回目の放射線治療の状態を見てから、2回目をやるかどうか決めたいとお願いしました。

先生も賛成してくれて、4回分の放射線治療を2回で行うこととし、そのうちの1回をその日に行うことになったのです。

麻酔から覚めるのが夜になりそうなので、私はいったん家に帰ります。

帰り際に、「もう一度顔を見たい」とお願いして、ゴンに会わせてもらいました。ゴンはこちらを見てハッとしたけれど、何か察したのか、もう一緒に帰ろうとはせずにじっとしていました。私はその丸い頭に顔を押しつけて、「マッテナサイ」と言うのが精一杯。

それでも私は、こういうときでさえちゃんとお腹がすく。帰宅するとコンビニの冷やし中華を泣きながらかっこみました。テツが、足元に寄り添ってきました。

1カ月？　ゴンがあと1カ月で？
私は初めて、がんという病気を怖いと思った。

今まで真剣に考えたことなかった。
甘かったんだ……。

大学病院を出る時に、
しつけの先生が
駅まで送ろうかと言ってくれたけど、
ゆっくり歩くことにした。
頭と心を整理したかった。

途中の公園で、へなへなと座りこんでメールをしまくった。
夫、妹、母、友人……。
夫が電話をかけてきた。しゃべりながら、また泣いた。

放射線治療は無事に終了。
夜にゴンを車で迎えに行った。
ゴンは麻酔から覚めたけど
まだボーッとしてる。

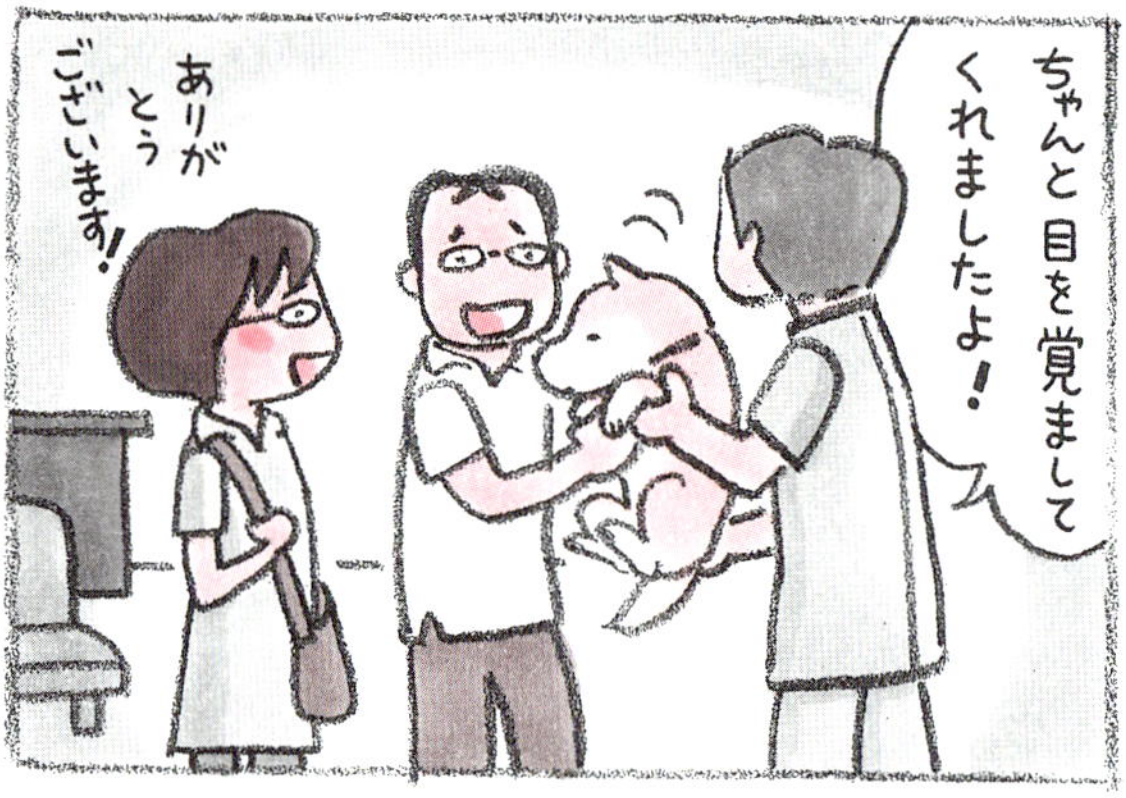
ちゃんと目を覚ましてくれましたよ！
ありがとうございます！

熱が出るかもしれないと言われた。
あと、今日はゴハンも水も
少しずつ様子を見ながら
あげるようにとのこと。

途中の車の中で、それまで眠ってた
ゴンが急に動き出した。
何かを思い出したように……。

ハァ
ハァ
ハァ
ハァ
ゴン、どうしたの!?

ツメを立てながら私にしがみつく
ゴン。まさか、これから毎晩
こんな風に苦しむのか!?

んーーっ
んーーっ
んーー
んーーっ
んーー
痛っ!!

こんなに鳴いたことないのに。

「もう、こうなったら好きなものを食べさせてあげようよ！」コンビニでプリンを買って与えると……。

どうやらゴンは、お腹がすいて暴れていたみたい。

その後、立ち寄ったしつけの先生のもとで、レトルトのドッグフードも完食。ゴンはみんなを驚かせた。

2013年 元旦。
「あ・うん」の柴犬!?
大あくびするゴンと
シブくキメるテツ。

# 2章
# しっかりしなくちゃ

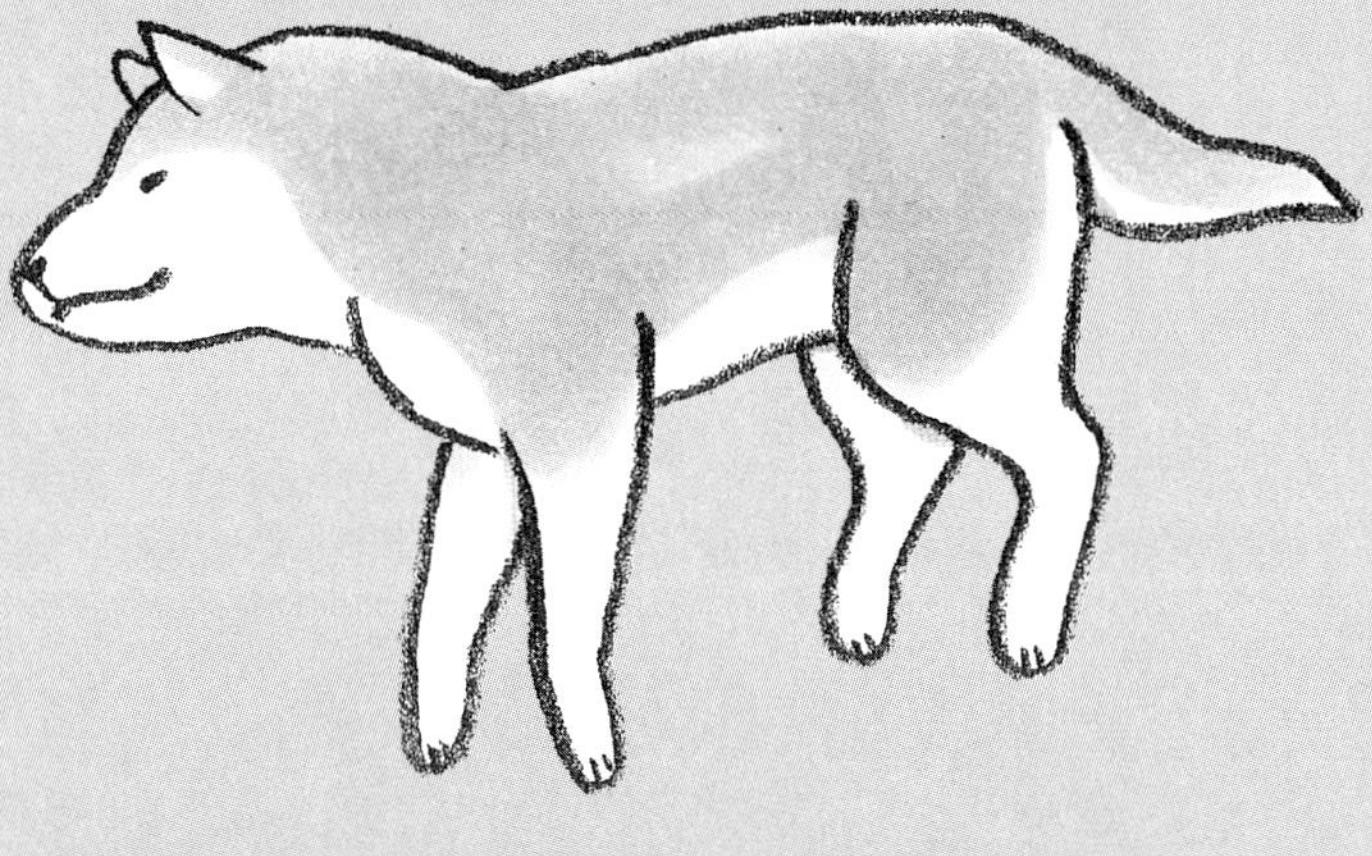

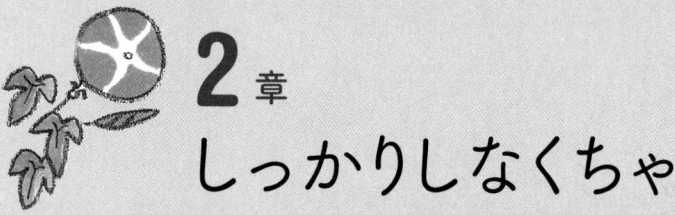

# 1 動物病院とのお付き合い

ゴンの1回目の放射線治療が終わり、いよいよ自宅での「病気やっつけ生活」がスタート。でもその前に、私にはきちんとしておかなければならないことがありました。

宿題となっていたこと、それはかかりつけの動物病院とのことです。急展開だったとはいえ先生に相談もせずにセカンドオピニオンを聞きに行ってしまったのだから、私にはちょっと後ろめたい気持ちもあります。

でも今後は引き続き、先生に診てもらいたい。大学病院は遠くて通いきれないし。ここは無礼をお詫びして、これまでどおりお付き合い

してもらおう。

「いやちょっと待てよ」ともう一人の私が言う。かかりつけの病院は、がんを見つけてくれなかったところだよ。しょっちゅう通院してたのに。私、ゴンの食べ方がおかしいってずっと言ってたのに。早く発見できれば、ゴンだってもう少し楽に過ごせたかもしれないのに。

だけど、自分だって飼い主でありながらゴンの口の中をこじ開けて見ることもできなかった。先生だけを責められない。それにあそこの病院は、ゴンが2歳くらいの頃からずっとお世話になっている。テツもかわいがってもらってる。これまで何度も助けてもらった。

思いが交錯して迷いに迷ったけど、今後のことはやはり昔からゴンを知ってくれている病院に行くのが一番と思いました。私はかかりつけの病院に電話をして状況を説明し、前もって相談する余裕がなかったことを謝りました。

そして放射線治療後の容態を診てもらうのに、先生のところへ行ってもいいかと尋ねると、快く受けてくれました。

でも実際に行ってみると、先生は何かちょっと雰囲気が違いました。奥の方から笑いながら出てきて、そして「ずいぶん思い切ったことをしましたね！」と言ったのです。んっ？オモイキッタコト？

えーと、思い切ったこととは、セカンドオピニオンを聞きに行ったことですかぁ？それとも老犬に全身麻酔をして放射線治療をしたことですかぁ？

そう聞き返そうかと思ったけどやめました。なんか力が抜けちゃって。先生、きっと気まずいんだなと思いました。

私はなるべく冷静にしようとしていたけど、この数日間の急展開でかなり参っていました。かかりつけの病院には命からがらたどりついたような、ゴンと一緒に安心できる地元に帰ってきたような気分だったんです。そんな私にとって、先生の様子は温度差がありすぎました。

でも、ゴンの前でやっかいなことになりたくなかったので、とりあえず今日は黙って帰ろうと私は思いました。大学病院から紹介状を送ってもらっていたので、それにならって検査をしてもらいました。

ゴンは熱があったけど、血液検査は異常なし。でも数日間は放射線治療の影響が出るので、注意して見守っていかねばなりません。

＊

かかりつけの病院へ行ったのは、それが最後でした。やっぱり先生の不思議な明るさがどうしても気になった。長いお付き合いで信頼していたのに、こんなことになって残念です。この日のことはずいぶん後を引きました。

人もペットも、病院とのお付き合いは時に悩ましい。私の友人で、お母さんをがんで亡くした人がいます。病気の発見に時間がかかったそうで、その憤りを彼女は担当医にぶつけてしまいました。「あんなに検査をしたんですよ。もっと早く見つけられなかったんですか！」。すると担当医は「見つけられませんでした。ごめんなさい」、そう言ったそうです。謝ってくれたんです。

友人はそれによって救われたと言っていました。私も、先生に正直な気持ちをぶつけてみたらスッキリしたのかな。

別に先生を責めるつもりなんかない。ただなにかひとこと、そう、一緒にゴンを看《み》ていこうねって言ってくれたら……。それとも、こちらの気持ちに寄り添ってもらいたいなんて思うほうが図々《ずうずう》しいのかな。

だめだめ、いつまでもそんなこと言ってる場合じゃない！　新しい一歩を踏み出さなくちゃ。犬と暮らす友人から、がん治療の評判のいい動物病院を教えてもらい、私たちはそこに通うことにしました。

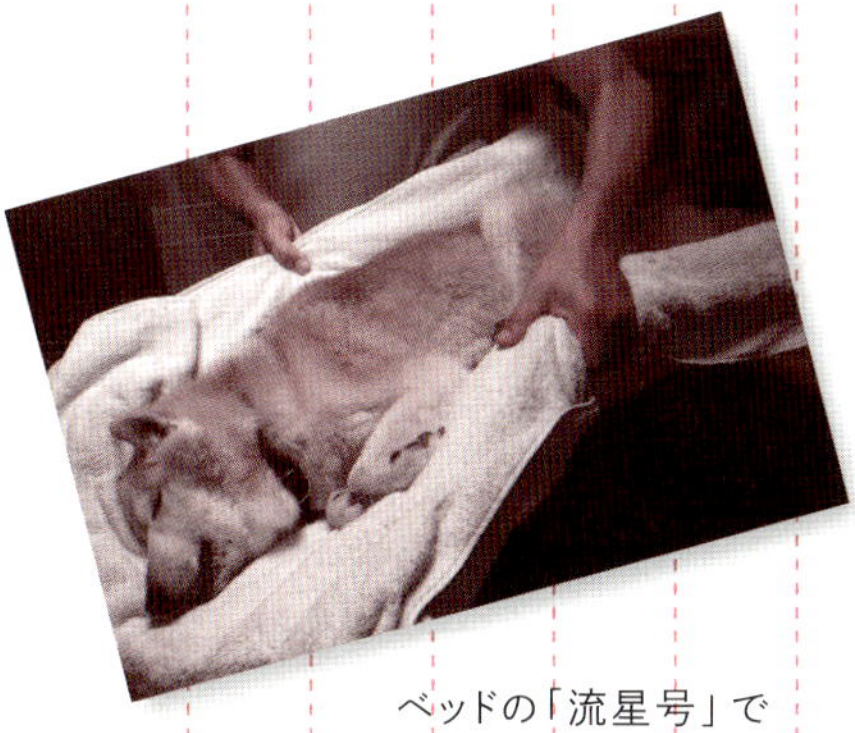

ベッドの「流星号」で
寝室へ向かうゴン。

放射線治療を行った後、
『調圧ルーム』というのに入ってきました。

## 進盟ルーム re-karada 横浜店

横浜店はペットも入れます

1回 50分
1人 1,500円
ペットは 1匹 1,000円

潜水艦みたい

室内の気圧を、旅客機の中にいるくらいまで下げたりもどしたりを繰り返す。
↓
体の細胞の隅々まで酸素がいきわたる。
体がポカポカしてきます。

向こう側は人間オンリーの部屋
大型犬も入れるペット用ケージ
ハ、ハイ
ちょっとドキドキ
じゃ、閉めます

食事はできないが水は飲んでOK。

本を読んだり寝たりもできる。

オレはもういーや
なんかヒマ

じっとしていられないヤツなだけ。

夜遅くまで動いてたのに、私も疲れが残らなかった。

ゴンは放射線治療後の2、3日、熱があったにもかかわらずシャン!としていた。調圧ルームの効果もあったと思います。

後日、ビビリ屋のテツも体験。

キャン
キャン
キャン
キャーン

おっかなびっくり入室に成功。
ところが始まってすぐに
鳴き出してびっくり！
耳がキーンとなったのかも？

そういえばこのお方、
低気圧が近づくと
機嫌が悪くなるんだった。

ゴックン
してごらん

とりあえずケージから出して
水を飲ませる。

すると、何か飲みこめば
耳が楽になると
学習した様子。

舌をペロッと
出したり、ひっこめたり
している。

やがて、ウトウト
しはじめました。

何で向こう
むいたままなのか
わかんないけど
ホッ

# 2

# ゴンの〝これから〟を決める

長年ひとつの動物病院に通っていた私たち。がんという病気をかかえて新しい病院に行くのは、やっぱり不安で緊張感が高まります。

私たちが行くことにしたのは、家から車で15分ほどの腫瘍科のある動物病院。評判のいい病院だけど、まずは先生と話してみなくちゃ。

私は待合室でゴンを抱っこして座り、ドキドキ。話のしやすい先生だといいな。飼い主バカだけど「どうかゴンのこと、かわいがってください！」。心の中でつぶやく。

名前を呼ばれて診察室に入ると、若い男の先生がいました。淡々と

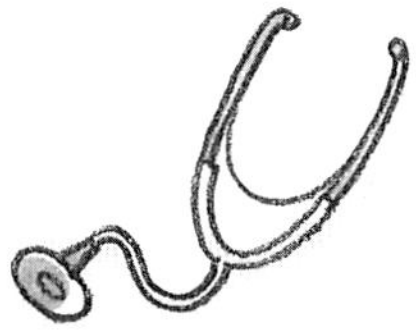

話すなかにも「しっかり看ていきますよ」という安定した気持ちが感じられ、信頼できそう。

先生は私の話をひととおり聞いた後、ゴンが放射線治療を受けた大学病院にすぐ電話してくれました。資料を取り寄せる手配をしている様子。こういうの、すごく安心する！

そして、ここからとても大事なところ。「今後ゴンちゃんをどうしてあげたいのか、それをお母さんがしっかりと最初に決めておかないといけませんよ」と言うのです。

もちろんゴンのことを治してあげたいけど。実はすでに、大学病院で「完治は難しい」と言われていたのを、私はなんとなく忘れようとしてた。認めたくなかった。奇跡もあるかもしれないじゃない、と。

でも積極的に治療するには、切除か抗がん剤か放射線治療しかない。

それはどれも今のゴンには辛いものだと、私は理解したはず。

だったら、あとは少しでもゴンが楽に、痛みが少なく暮らせるようにしてあげたい。私は先生にそう伝えました。

（そうか、飼い主の気持ちがブレると今後の治療が進まないから、こうして先生は確認作業をしているんだ）

そして先生はさらにこんな質問をしました。「ではゴンちゃんにとって楽なことっていうのは、どういうことですか？」と。

そ、それは……。突っ込まれると一瞬答えにつまるのは何故《なぜ》だろう。よく知ってるはずなのに。なるほど、そこ、曖昧じゃいけないんだ。

つまり、多くを望めないということなんだな。私は、ゴンにこれだけはさせてあげたいということを口にしました。

「ゴハンを食べられるようにしてあげたいです」

少しでも腫瘍がしぼんで、今より楽にゴハンが食べられるように。

「わかりました」と先生。そして今後は腫瘍と付き合いながら、少しでも痛みを和らげてあげようという道筋が決まったのです。

＊

具体的にどういうお薬を飲んでいくかなどは、病理検査の結果待ちなので、この日の診察はカウンセリングだけで終わりです。

初めての動物病院だから当然だけど、まだヨソユキな関係の先生と私たち。少し淋しい気持ちのままゴンを抱っこして診察室を出ようとしたら、先生が「ちょっと待って」と言います。

何かと思ったら、ゴンのヨダレをティッシュで拭いてくれたのです。あったかい空気が流れました。うれしかった。

診察室にて。
私が先生と話していると、
ゴンが探険を始めた。

のろ〜り
のろ〜り

そして先生の足元に行くと
いきなり寄りかかった。
つまずいた？

ドン

いや、わざと
だと思う！

世渡り上手め！
ちゃっかり
先生に
なでてもらっている

## ソースポット

ゴンのゴハンを完全に流動食にして、
ソースポットで与えることにした。

いやがるかと思ったけど、
そんなことなかった。
楽に食べられて満足顔。

100円ショップなどまわって
入手したソースポット

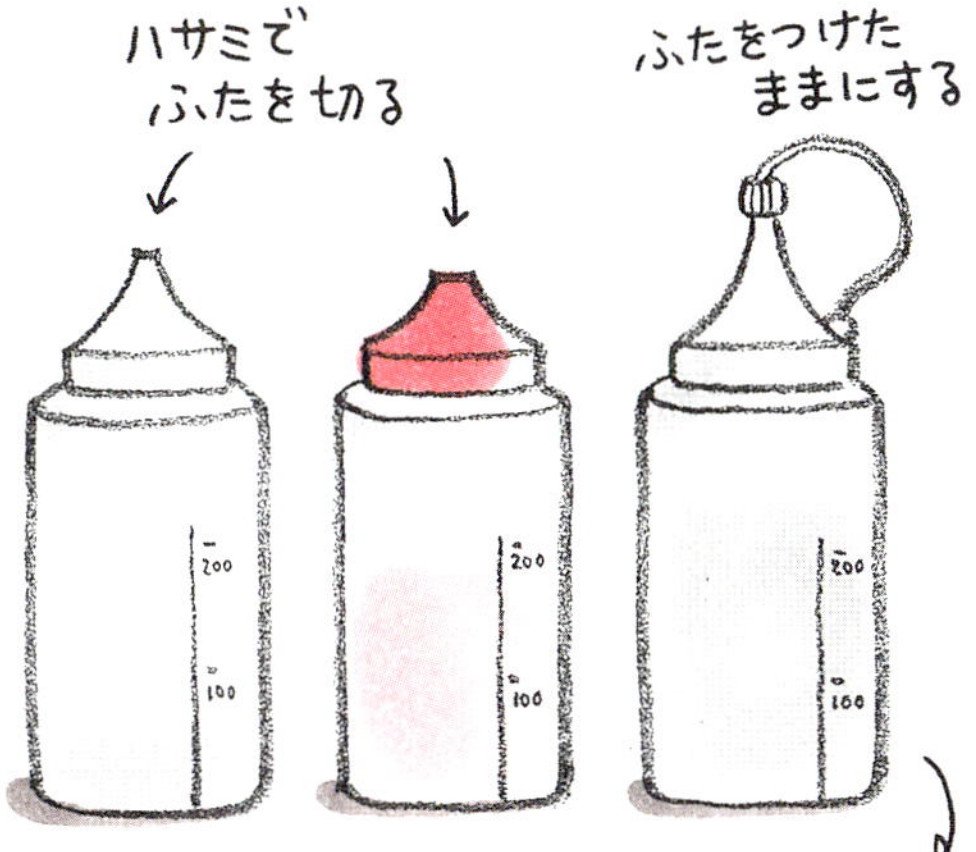
ハサミでふたを切る
ふたをつけたままにする
サプリメントを混ぜこむヨーグルト用
(水で少しのばす)
フード用
水 用
ふたがついていると外出の時に持ち歩けて便利！

その日によっていろいろ
ゆでた魚、肉、レバーなど
生野菜
ふやかしたドッグフード
海藻
もずく
豆腐
ハンドミキサーにかける
食材については、
この後さらに勉強していくことに。

ソースポットは口が広いものが断然便利です
フードを入れやすい！
じょうごを使えばいいからと小さいのを買ったら失敗！
フードが全然落ちていかない／
本体が固いのも使いづらい。
ぐぐぐっ
与える時に手で押し出せなかった。

# 3

# 食べて元気出そう

新しい動物病院に行った3日後。ゴンの病理検査の結果が出たということで、先生から電話がありました。病名は「扁平上皮がん」。症状が軽いうちなら手術でコロッと取れるそうですが、残念ながらその段階は通り過ぎてしまったことも、再確認しました。やはりこのまま腫瘍と付き合わねばなりません。

この時点で、1回目の放射線治療から1週間が経過。効果はすぐには表れないらしく、ゴンの口の中の「邪魔者」はまだ幅を利かせています。またちょっと大きくなってきたように見えます。

さて、どうしよう。もしもう1回だけ放射線治療をするなら、今です。この残りの1回をやるかどうかは、治療後のゴンの様子を見てから決める約束になっていました。

ゴンは年の初めに下痢をしてから、貧血気味の状態が続いています。下痢のほうも、治ったとはいえまだ油断は禁物。

そのだらだら続いている不調を、最初の動物病院では「お年だから(仕方ない)」と言われていた。でも、これは腫瘍が引き起こしていることだと新しい先生は言います。

言われてみて、私もその考えに納得。だったら、もう1回の放射線治療をやってみてもいいんじゃないかと思いました。

幸い前回の治療後もなんとか順調に過ごせたし、それに、忘れられないのは、ゴンのあの食欲！　次もきっと、がんばってくれる。夫と話し合って残りの1回を受けてみることに決めました。

＊

翌週には大学病院に予約が取れ、ゴンは2回目の放射線治療を受けました。またしても長い1日でしたが順調に終了。

もちろん帰り道の途中でゴハンも完食しました。お腹が満たされるとクリッとした目になるゴン。うーん、食べるって大事だ。食べられるって幸せ。

そうそう、大学病院の先生が、ゴンを引き渡してくれるときにこう言っていました。

「いやぁ、このコは強いですねぇ。麻酔で眠っている間も、心臓はずっと安定してましたよ」って。

ゴン、すごいね。先生、感心していたよ。

その晩遅く、夕飯を食べながら夫がぽつりと言いました。

「もともとのゴンの強さもあるけどさ、このところの手作りの自然食ってやつ？　あれのおかげもあるんだろうな……」

えっ、それってもしかして、遠回しに私のこと「よくやってる」って言ってくれたのかな？　いや、違うかな。でもそういうことにしておくか！

ちなみに、その日のゴンとテツのゴハンは、ドッグフードの他にヨーグルト、豚レバー、もずく、シソ、ブルーベリーなどをミキサーにかけたもの。味見はしていません、アハッ。

＊

今回のゴンのことではっきりと心に残ったのが、愛犬が高齢になったときに、体の不調を「お年だから」という目で見てはいけないな、ってことです。

ある程度、いい意味でのあきらめというか「受け入れ」は必要だと思う。でも「お年」っていうのが先に来ると、病気を見逃してしまうこともあるのではないか？

さらには、獣医さんのなかにも「もうそろそろいいんじゃないか」という考え（治療を放棄するということではなく）の方もいるということを、飼い主は心得ておいたほうがいいんだな……。そう思った次第です。

日々の単調な用事は、ごっこ遊びにすると楽しい。

昼間は1階リビングのベッドで寝ているゴン。夜は2階の寝室へ連れて行きます。

ベッドごと運ぶので、これをいつのまにか夫が「流星号」と呼んでいた。

流星号
発車!!
ピシューーウゥ

しかし最近は、仕事で疲れて帰ってくると「江ノ電バス」に格下げ。

手すりにおつかまりください
トコトコ

ちなみに、朝は私がゴンを寝室からリビングへと運ぶ。

朝露1号
発車しまあす
立つとキケンですのでそのままお待ちください

# 4
# 私、勉強するよ

2回目の放射線治療が済んでから3日ほど経った頃。ゴンのあごに小さいハゲができていました。

あらら。副作用として毛が抜けるかもしれないと言われていたので驚かなかったけど、赤い地肌が見えているのはなんとも痛々しい。

さて、今後のことです。ゴンがどういったお薬を飲んでいくか決めなければなりません。病院で、まずは血液検査をしました。

その結果によると、ゴンは腎臓の数値が良くないらしい。このため、本当は炎症を抑える薬を毎日飲ませたいところを、3日に1回のペー

スでしか服用できないそうです。そうでないと今度は腎不全が心配されるとのこと。

新たな病気の心配をしながら、薬を飲んでいくとは。私は処方してもらった薬を普通に飲んでいけばいいものと思っていたのでした。そんな簡単なことではなかった。

2週間後にまた血液検査をして、さらに腎臓の数値が悪くなっているようなら別の薬に替えるそうです。

このほか、毎日2回ずつ飲む痛み止めの薬を処方してもらい、ゴンの新しいお薬生活が始まりました。ちゃんと効いてくれるといいな。

＊

この頃になると、ゴンのお世話などで私はだいぶ寝不足になっていました。ゴンの下痢が始まった頃から夜中に起きなければならないことが続いていたのです。でも誰だって、自分の大事な存在のために看病疲れをしているなんて、認めたくないものです。私も「大丈夫、大丈夫」と言っていました。

最初は確かになんてことなかったんだけど、積み重なるにつれて自分でもマズイと思うことがありました。夜、シャワーを浴びているうちにものすごい睡魔に襲われ、行動を覚えていないのです。さすがにこれは焦った。だからその後はなるべく、10分でも20分でもいいから昼寝をするように心がけました。

＊

風呂あがりに、寝ぼけた私がとってしまった奇怪な行動のひとつ。

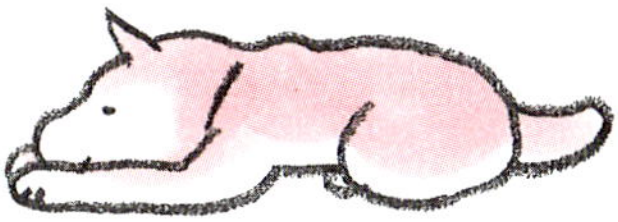

がんという病気のこと、治療の方法、薬の知識……と次々に新しい扉を開けていく毎日。

知って不安がなくなることもあれば、逆に心配事が増えることもある。でもくよくよしてはいられない。

こんなふうに書くとまるで私がしっかり者みたいだけど、実際はそうじゃありません。少し前は「そう遠くないうちにゴンを失うかもしれない」って、絶望的だった。

あれは午後に昼寝をしてうっかり寝過ごし、夕方目覚めたときのこと。西日が小さく隅っこに残る部屋で、いいようのない淋しさと不安にかられたのです。

こ、この状態は何なんだろう。これを……これを繰り返したらあかん！ そう、寝てはいけない。夕方に目覚めるような時間に！

かなり楽観的というか短絡的？　でもそんなふうにして乗り切っているだけなのです。夕方目覚めて淋しいなら、いっそ翌朝まで寝てしまえ（もちろんそんなわけにはいかないけど）。

＊

時々、テツとの夕方の散歩で駆け込む場所があります。近所のお店、pas à pas（パザパ）。犬、猫をメインにヒトのグッズも扱っています。

ゴンの病気がわかってすぐの頃、オーナーである俵森《ひょうもり》さんが私の話を聞いてくれました。これまで何匹もの愛犬のお世話をしてきた彼女は言います。

「ここからが〝始まり〟だからね」って。辛いだろうけど、これからゴンと濃い時間が過ごせるはずだと。

そのためには、いつまでもガックリしていてはもったいない。彼女の言葉が、そんな気持ちにさせてくれました。

それから心配してメールをくれた人、ブログを見てくれている皆さんもありがとう。たくさんの人に、背中を押してもらいました。

ある日、pas à pas の閲覧コーナーをふと見ると、犬のための手作り食の本が目に留まりました。病気にならないようにするための食事、がんになってしまったときの食事。

「これ、お借りしていい？」と聞くと「どうぞどうぞ。そこに置いてあるけど、見る人いないの」と俵森さん。

確かに、元気なうちはあまり気にならないことかも。私は本を家に持ち帰り、がつがつと読み始めました。

ところどころ、俵森さんが引いたアンダーラインがあります。あぁ、

きっと今の私と同じ気持ちでこの本を読んだんだな……。

ペンを持った彼女がせっせと本に書き込みをしている姿を勝手に想像し、目頭が熱くなりました。そして私も猛烈にアンダーラインを引きたくなり、ついに自分でもその本を買ってしまったのです。

ゴンちゃん、私、勉強するよ。今から取り返すからね！

**pas à pasで見て、参考にしている本**

- 『愛犬のためのがんが逃げていく食事と生活』　須﨑恭彦（講談社）
- 『愛犬を病気・肥満から守る健康ごはん』　本村伸子（ペガサス）

**ゴンの病気がわかってから買って読み始めた本**

- 『うちの犬ががんになった』ウィム・モーリング（緑書房）

**ゴンがシニアになってから参考にしている本**

- 『食べてなおす 手づくり犬ごはん』須﨑恭彦（ナツメ社）
- 『かんたん犬ごはん』須﨑恭彦（女子栄養大学出版部）

ゴンに薬を飲ませるのに
手こずった。

ゴンちゃん

① 錠剤

口の中にポンと
入れてから
素早く水を飲ませる。

② 粉薬

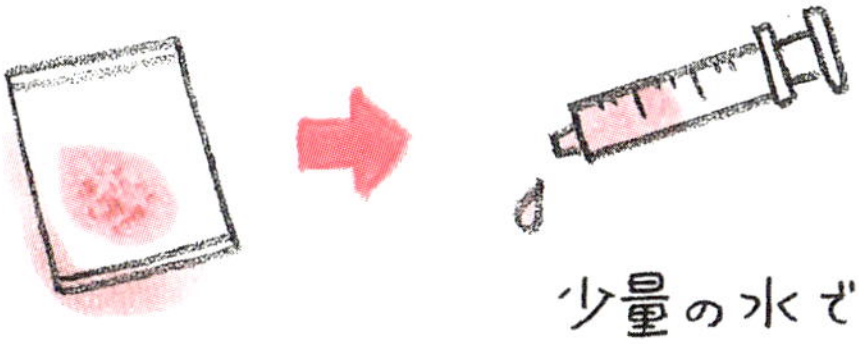

少量の水で溶かしてから
ハチミツを1滴くらい混ぜ、
それをシリンジで口に入れる。

粉薬を流動食に混ぜてしまうと、
フードが容器に残った場合に
薬も残ってしまうのではと心配。

むう〜
これは私の
ストレスになるな

問題はカプセル！

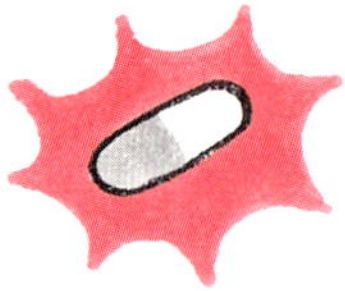

①の方法だと、腫瘍のでこぼこの間などに
はさまったり、上あごにへばりついたりしてしまう。
②を試したら大失敗!!

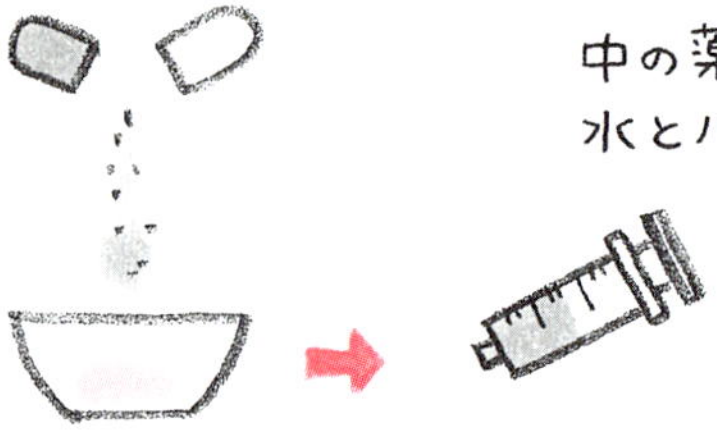

中の薬を出して
水とハチミツに混ぜてみた。

これをシリンジで……

なんと、そうとうな
苦さだったらしい。
15年間、見たことも
なかったような
怖い顔でもがいた!!

そういえば「人間の
がん患者用の痛み止めの
軽いもの」と言ってたっけ。
苦いんだ～～。ゴメン！

結局たどりついたのが、これ。

③カプセル

流動食を入れる
ソースポットに
はめこんで、
口の奥へと
流しこむ。

フードと
一緒に
入っていった

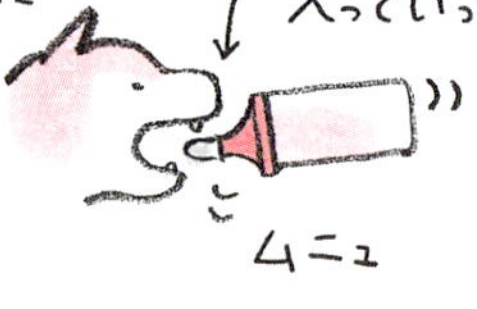

# 3章
# 日々のお世話

1

# 腫瘍が小さくなった！

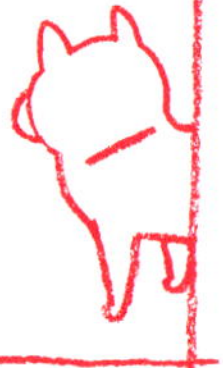

ゴンの痛みはどれほどのことなんだろう。悲しいことに、私には想像がつきません。

ゴンは静かに眠っていることもあれば、イライラしながらサークルの中を歩き回ったり、頭を壁に押しつけたりしていることも。夜中に起き上がる回数も増えてきました。

獣医さんにその様子を話すと、痛みもあるだろうけれど、腫瘍が気になってイライラしているのかもしれないとのこと。

いずれにしても、夜にちゃんと睡眠をとれないのはゴンも家族も大

変だからと、鎮静剤を処方してくれました。シロップ状になっているので、シリンジで飲ませます。

規定の量の半分ほどを飲ませただけで、ゴンは早朝まで穏やかに眠れるようになりました。よかった。

それにしても、なんでだろう。鎮静剤を飲ませるときにちょっとだけ罪悪感があるのは。でも、ゴンだって楽に眠れるんだから、いいんだよね？

＊

7月に入りました。1日はゴンの弟分、テツの誕生日です。8歳になりました。テツ、おめでとう！

テツの誕生日を祝いながら、あと2週間ほどでやってくるゴンの誕生日にも思いを馳《は》せます。こうやってみんなでお祝いできますように。

大学病院で最初にがんと診断されてから、約1カ月。私と夫のあいだでは、ゴン16歳の誕生日を無事に迎えることが目標のようになっていました。

ゴンにも毎日言い聞かせています。誕生日は鯛《たい》の尾頭つきでお祝いするからね！と。

そして実際に、私は鯛の上手な焼き方をネットで調べ、スーパーの鮮魚売り場に鯛が並べられていることを毎日確認。調査の結果、昼を過ぎると売り切れることもあるみたい。よ〜し、当日は朝イチで買いに行くべし！

ゴンの誕生日に向けて高まる気持ち。それをさらに後押しするかのように、ゴンの調子も少しずつ良くなってきました。

ゴンが、不思議なまでにスックと立っていることがあるのです。痛がりもせず、ウロウロもせず〝普通にしてる〟ゴン。そういう姿は久しぶりかも！

薬が効いてきた証拠かもしれません。犬らしい振る舞いも戻ってきました。ベッドにコロンと横になったとき「フンーッ」て溜《た》め息《いき》をつくとか、横になってはいるけど、眠らずに起きているとか。

なによりうれしかったのは、ゴハンを食べている途中でゴンが舌なめずりをしたことです。舌が以前より動くようになってきたんです。ということは、腫瘍が小さくなってきたってこと!?

ゴンが口を開けたときにのぞいたら、確かに小さくなったみたい。以前はパンと張ったような感じだったものが、少ししぼんできています。やったー！

*

そして7月18日。ゴンは無事に16歳の誕生日を迎えました。私は約束どおり鯛の尾頭つきを焼き、ゴンと記念撮影。

この日の流動食は、鯛（丸1尾とは別に買った切り身）を茹《ゆ》でたものがメイン。他にモズク、キュウリ、豆腐、ジャガイモ少々。

いくら体に良いからといっても、ピーマンなど匂いの強いものを入れるような野暮な真似はしませんよ〜。鯛の味と香りを、ちゃんと楽しんでね。

料理の途中、鯛を失敗しないようにと緊張するあまり、私の背中がつってしまったことはここだけのヒミツ。来年の誕生日までには慣れた手つきでできるよう、練習しておこうっと。

尾頭つきの鯛でお祝いといっても
それを食べるのは人間。だからせめて
写真くらいはゴンと撮っておこうと思った。

久々に見た力強い動き♪

舌が動かせるようになって
きたといえば、こんなことが。

ゴンの大事なトコが
ピッカピカになってる!
最近は自分でお手入れ
できなくなったから
私が時々拭いてたんだけど、
今日はやたら輝いてる。不思議。

数日後、私は見た。
ゴンが自分で舐めて
お手入れしてるのを。

やっぱり腫瘍が小さくなって
きたんだねー。 感動!

元気が出てきたゴンは、
自分らしさを
発揮するようになった。

昼寝している
私を踏んづけて
いくとか。
ギュー
イタタッ
もうっ、
ひどいよ〜〜っ

力強く流動食を
食べるゴン。

# 2 おうち点滴に挑戦

8月。ゴンの口の中の腫瘍が目に見えて小さくなってきました。ありがたいことに、食欲も落ちていません。

そのわりに体重が増えていかないので、1日のゴハンの量を増やして、4回に分けて食べさせるようにしました。増やした分も、もちろん完食。頼もしい。

一方で、心配していた腎臓のほうがちょっと思わしくないようです。最初に獣医さんから説明があったように、がんの進行や痛みを和らげるお薬は、腎臓と相談しながらの投薬です。今度は腎臓のサポートもしていく段階に入りました。

とにかく水分摂取を意識すること。
そしてオシッコをいっぱい出すこと。
ゴンの体重からすると1日に300〜400㎖の水を飲ませる必要があるそうです。

口からの摂取だけでは間に合わないので、水分補給のための皮下点滴注射を週に2回ほど行うことになりました。初めの2回ほどは動物病院でやってもらったのですが、ある日先生がビックリするようなことを言いました。

「おうちで点滴をできるようになってください」

ええっ!? 注射?
私がゴンに針を刺すんですか!?
できるわけない!

心の中でそう叫びつつも、いやですとは言いたくない。

「で、できるかな」と小さい声で返す私。「みんな最初はできないって言うけど、ちゃんとやれるようになりますよ〜」と先生。

結局、先生の前で何回か練習して、それから家でやることになりました。あ〜あ、ユーウツ。

でも、これによって通院の回数が減らせるから、ゴンも私たちも楽です。それに治療代も節約できる。がんばろうと腹をくくりました。

初めての注射は針を刺す角度がわからず失敗。ゴンが「ギャワーン」と鳴きました。「ごめんねー、ごめんねー」と言いつつ私も泣きたい気持ちです。

でも、ゴンに痛い思いをさせたのはこの1回きり。あとはどうにかうまくこなせるようになりました。

1カ月が過ぎた頃。血液検査の結果、腎臓の数値が良くなってきているとわかりました。

よかった。がんばって注射したかいがありました。

それに体重も増加。一時は6kgにまで落ちてしまったのが、7kgまで戻ったのです。「どんどん食べさせてあげてください」と先生。食いしん坊のゴンにとって、これはうれしいお達しです。

さらにうれしいことがもうひとつ。なんとゴンに黒ヒゲが生えてきました。しかも3本！シニアになってヒゲは全て白くなっていたのに、これはどうしたことか。若返っていくのか？もしかしたらゴンは本当に奇跡を起こしてしまうかも。そんな気にさえなりました。

ゴンは淋しげに鳴くことが多くなった。
お水、ゴハン、トイレなど思いつくことをしてあげても
まだ鳴く時は、あやすしかない。
フウン
キャフン
フンフン
ある日、夫が突然
研究の成果を発表した。
手でこうして
グーを
作ってさ……
頭を軽く
ゴリゴリやると
鳴きやむんだよ
ゴリ
ゴリ
「グー」って
子供か！
私にも秘策があった。
タオルを
丸めて頭に
乗せると
安心する。
ナルホド
ある日、外出先から
帰ったら、たくさん乗せら
れてた。
いっぱい
鳴いたんだね
ZZZ
昼寝中

8月の終わり、
ゴンと一緒に江の島の花火を見た。

外でオシッコさせたついでに
花火が見える場所まで
移動してみた。

すっかり耳が遠くなってしまったゴンは、
花火の音を怖がらなくてすむのです。

なんだかゴンも
ちゃんと花火を
楽しんでるような
気がした。
私が今までに見た
花火の中で、一番楽しい
花火だった。

# 3 留守番が課題

9月後半になり暑さも一段落。日中もだいぶ過ごしやすくなりました。窓を閉めてエアコンをかけているよりも、外からの風を感じながら寝ているときのほうが、ゴンもいい表情。半開きの口からのぞくキバを見ていると、老いても病気でもやっぱり〝犬〟だなって思う。

季節的に過ごしやすくなった一方、9月といえば台風シーズンでもあります。ゴンは天気が崩れ出すとたんに調子が悪くなりました。落ち着きがなくなり、サークルの中をぐるぐると回ってはバタッと転びます。

自分で立ち上がれないときは、鳴いて私や夫を呼びます。夕方はとくに呼ばれる回数が多くなり、20分おきに5回なんていうことも。これじゃゴンも疲れるし、私たちもすぐに駆けつけられないことが多くなる。

こんなときはゴンがぐっすり眠れるようにと鎮静剤を飲ませるのですが、低気圧のときはあまり効かず、仕事に行くかのようにムクッと起き上がってしまう。「ゴンはまじめだねぇ。でも、眠っていいんだよ」そう言い聞かせてるんだけど。

この頃から、ゴンに留守番をさせるのが難しくなってきました。

これまで、長時間の留守番をさせるときは、前もって鎮静剤を飲ませておきました。そうすると3時間半くらいは眠っていてくれるので、安心して出かけられたのです。

ところがある日のこと、余裕で眠っているはずの時間に帰宅したの

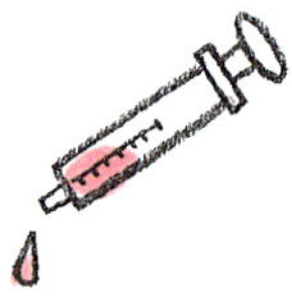

に「ギャオン！　ギャオン！」とゴンの怒った声が玄関の外にまで聞こえてきます。慌てて中に入ると、ゴンがサークルの柵と自分のベッドの間にはまってもがいていました。そのままの姿勢でオシッコを漏らしてしまっています。
いったい、いつからそうしていたのか。目覚めてトイレに行きたいと呼んだけど誰も来なくて、自分で歩き回って……と想像し、私は涙が出そうでした。

＊

これをきっかけに、我が家のゴン対策を強化することにしました。

まず、サークルの中の見直しです。ベッドと柵の間の隙間をなくす。敷物の端がめくれるとつまずくかもしれないので、ガムテープで床に

固定するなど。
外出する時間も短縮しました。遠出するときは、夫か私のどちらかが家に残る交代制で。もともと夜に2人で外食なんてめったにないことだったけど、それもいっさいしなくなりました。

さてもうひとつ、ゴン対策として、私には早急になんとかしなくてはと思っていることがありました。それは、ゴンに流動食のゴハンを食べさせられるのが私だけであるという問題。1日4回のゴハンを私がいないとあげられないのでは困ります。

夫はこれがとても苦手。うまくいかずにイラッとしているのを見ると、どうしても「私がやるからいいよ」と代わってしまう。でも練習しないといつになってもできないままです。

最初のうちはゴンに我慢してもらいつつ、抱っこの姿勢から特訓。

次第に夫も上手に食べさせられるようになりました。

それにしても犬に流動食を食べさせるって、思っていたより難しい。もしこれで2人とも外出しなければならなくなったらどうしよう。どこかに預ける？ 友人に頼む？ でもやったことがない人がいきなり上手にできるものではないし。万が一のときのことは、早めに考えておかないと。

*

実際、この3カ月ほど後に夫婦でお葬式に出ることになり、どうしても1日留守にしなければならなくなりました。ペットの介護サービスも調べたのですが、結局しつけの先生の動物病院に預けることに。

あいにく先生ご自身は出張中。でももちろんスタッフの方や他の先

生がしっかりとした管理をしてくれました。ただゴハンだけはやっぱり別のよう。ゴンはいつものようには食べてくれなかったらしく、ゴハンを3分の1ほど残していました。

それどころか、迎えに行ったときは「ワオンワオン」と吠えて怒ってた。でも、私が「ゴンちゃん！ 迎えにきたよ」と声をかけたら急にシーンとなり、それから家に帰るまでいっさい鳴かなかったのです。

ゴンも若くて元気な頃はわりと我慢してペットホテルに泊まってくれたけど、今はもうあの頃とは違う。やっぱり家族でないとだめなんです。

涼しくなったせいか
ゴンはますます食欲UP！
動物病院の
待ち時間に食べられるよう
犬用チーズを持っていった。
ちぎって指でつぶしてから
あげる。
バッグから出した
とたんに反応！
くん
くん
くん
くん
くん
こんなに
体を反らして!!
1個目
ハムハムと
食べて
……
すぐ
なくなった。
2個目
口からポロッと落ちて
ベンチのすきまに
入っちゃった。
じっ
もう1個
あげるよ！

たいてい、この格好で
寝ているゴン。

珍しく丸くなってた。
寒いのかも。

体が固くなって
しまったので
これでも丸くなってるほう

ホントは
こうなりたいはず

毛布の季節に
なったか

若い頃に比べて
冬支度のスタートが
早くなりました。

# ゴンの1日
## 闘病4カ月目のある日

自分では起き上がれないが立たせてあげると壁に寄りかかりつつ歩く。

- 0:00
- 1
- 2
- 3
- 4
- 5
  - ◀ トイレシートにオネショをして目覚める（ワンワン！）すぐにウンチもする
- 6:00　（朝食の支度）
  - ◀ 玄関外にトイレシートを敷いてオシッコ
  - この間にテツの散歩&ゴハン
- 7
  - ◀ ゴハン＋薬 ➡ オシッコ（庭）
- 8
- 9
  - ◀ オシッコ（庭）
- 10～12:00　鎮静剤を飲んで熟睡　（10～18:00 仕事をする）
- 12:00
  - ◀ オシッコ（室内トイレ）➡ ゴハン＋薬
- 13～15　眠る
- 15
  - ◀ オシッコ（室内トイレ）➡ ゴハン
- 16～17　眠る
  - この間にテツの散歩&ゴハン　夫が連れて行く
- 17
  - ◀ オシッコ（家の近くの空地）
- 18:00
  - ◀ 点滴
- 19　（夕飯の支度）
  - ◀ オシッコ（庭）
  - ◀ ゴハン＋薬 ➡ オシッコ（室内トイレ）
- 20～21　眠る
- 21
  - ◀ オシッコ（室内トイレ）
- 22
  - ◀ オシッコ（室内トイレ）
- 23～　鎮静剤を飲んで熟睡
- 24:00

（翌2:50　トイレシートにオネショをして目覚める）

トイレは庭、空地、室内など。頃合いを見はからって連れて行く。お水をたくさん飲ませる。

ゴハン
薬

4

# 作戦の更新が頻繁に

老犬のお世話は、同じ状態がずーっと続くことはないのですね。長年ゴンやテツのお世話は自分なりに臨機応変にやってきたつもりですが、そのお世話の「更新」を最近は頻繁に行わなければならなくなりました。

とくにトイレ対策です。16歳になって3カ月ほど過ぎた10月頃。ゴンはオネショをすることが多くなったので、ベッドとベッドカバーの間にトイレシートを忍ばせておくことにしました。

本当は一番上をトイレシートにして、その上に寝かせればいいのでしょうが、それだと起き上がるときに足が滑ってしまいます。トイレ

シートの上では足が踏ん張れないようなのです。
間にシートを入れるとベッドカバーは汚れてしまうけれど、洗濯すれば済むことなのでよしとしました。

トイレ対策の次の更新時期は、1カ月後くらいでした。眠っている時間が長くなって足腰の筋肉が衰え、ほぼ寝たまま生活になったゴン。こうなるとオネショがあたりまえです。自分で起き上がることもなくなったので、今度はベッドの一番上にトイレシートを敷いて、そこに寝かせるようにしました。

オムツも考えたけど、ゴンには無理なようでした。試しに買ってはかせてみたら、予想どおりゴンは、じたばたもがいてこれを拒否。洋服も体にフィットするものは苦手だったものね。

寝たまま生活になったということは、以前のように部屋の中でお漏らしすることがなくなったということ。だから確かに洗濯物は減りました。私は負担が軽くなったけど、複雑な心境です。やっぱりやんちゃ坊主でいてくれたほうがいい。後から思えば「しょうがないなー、もう」って言いながら、洗濯機を1日に何回も回していたほうがよかった。

＊

トイレ対策で悩む一方、ゴンのゴハンについてはすっかりコツがつかめてきました。ソースポットを使っての流動食は日常のこととしてなじんでいます。

犬の手作りゴハンの本を参考にしながらドッグフードにいろいろ手を加えていくのは、楽しいことでした。人間用の食事を作る途中で「こ

れは」と思う食材をゴン用に取り分けておきます。その流れが習慣になったので、ちっとも大変なことはありません。

また、それとは逆の流れもあります。貧血気味のゴンに食べさせたいからとレバーやひじきを買ったことで、人間もご相伴にあずかり鉄分摂取ができるとか。

そうそう、アサリやシジミの味噌汁のときは、お味噌を入れる前に汁を犬用に取り分けるのも習慣になりました。それから人間がお豆腐を食べる日は、ゴンとテツもゴハンにお豆腐が入る。こんな風に、家族みんなで同じものを食べているという一体感がうれしい。

*

闘病生活4カ月目。ゴンは食欲も落ちず、お腹もこわさず、腫瘍さ

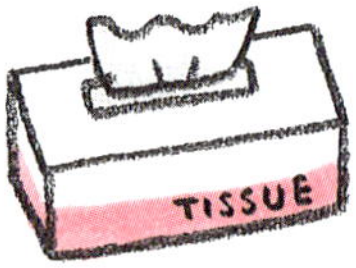

えなければ普通のおじいさん犬です。そう、腫瘍さえなければ。

その腫瘍は夏にいったん小さくなったものの、またぷくぷくと腫れ上がり、形もいびつになってきました。ゴンが口を動かすと歯が腫瘍に当たってしまうみたい。時々クチャクチャと口を鳴らしているのを見て気の毒でなりませんでした。

ある日のこと、その腫瘍が切れたらしく、ゴンが口からポタポタと血を流しています。衝撃……。

口を開けさせたら、なんと中が血で真っ赤です！　私も夫もビックリ。まさかこのまま血が止まらないんじゃないか？　どうやって止血すればいいの？　止まらなかったらどうなっちゃうの？

でも飼い主が慌てる一方で、とうのゴンは平然とした様子。いつものように口をクチャクチャやっていたかと思うと、やがてコテンと頭をベッドにつけて眠ってしまったのです。これまたゴンののんびりさに衝撃。強いのか、はたまた鈍感なのか。

獣医さんによると、こういう場合は出血を止める手だてはないそうです。血は飲み込むままにしておくしかないらしい。そしてこれからも同じようなことがあるだろうと言われました。

日々平穏に過ぎているように思っていたけど、腫瘍は図々しくも進行していたのです。

やせてほっぺたは
しぼんでしまったけれど、
目はクリクリ。若い頃のまま。

オネショをして体が濡れるのをゴンはとても嫌った。
だから2時間おきくらいにトイレに連れて行くことで
オネショを減らすようにした。

わーっ
噴水だ!!

あまりギリギリまで
我慢させると
ベッドから起こしたとたんに
「ジャー」なんてことも。

噴水を警戒して、トイレに着くまでの間
オチンチンにトイレシートを
あてて行くようになった。

ゴンはちょっと
不服そうだったけど。

お父さんの介護をしている友人が大人用オムツや尿取りパッドの試供品を送ってくれた。

伝票の品名に「紙製品」と書いてあったので、思わず笑った！

確かに
品名
紙製品

結果的にゴンがオムツをすることはなかったけど、送ってもらった尿取りパッドと一緒に切って使いました。

ゴンが足をたくさん動かすとパッドがずれてしまうが、まあそれはそれで仕方ない。

トイレシート
尿取りパッド

長時間眠りそうな時は長いまま使った

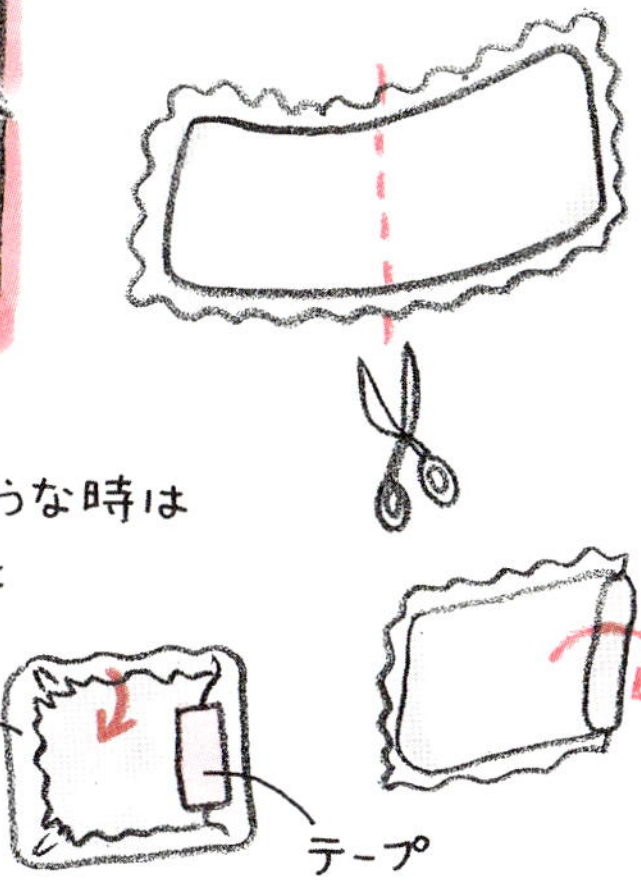
切り口を裏へ折る
ギャザーのヒラヒラが肌にあたるとチクチクするので折り込む
テープ

# 5

# かげやま動物病院、大忙し

10月の終わり。ゴンのあごの下がプクッと丸く腫れてきました。ついに腫瘍が外側まで張り出してきたか、と思いました。しかしどうも様子がおかしい。半日でみるみる倍くらいの大きさになったのです。

先生に診てもらったら、膿《うみ》がたまっているとのこと。腫れているところの横を切開して、膿を出してくれるそうです。

局所麻酔をかけての処置だったけど、ゴンがギャワギャワ吠える声が待合室に響き渡ります。ゴンがかわいそうなのと、他の飼い主さんたちの目も気になって居たたまれない感じ。

先生は、痛くて吠えてるんじゃなくて嫌なんだろうと言ってました。実は、ゴンは昔から動物病院で大げさに振る舞うヤツだった。それが年とともに頑固さも加わってきたから、今回のようなのは「もうほんとに我慢ならん！」ということなのでしょう。

処置してもらったら、膿と血液がお皿にたっぷり出ました。先生は夫と私にそれを見せつつ、これが腫瘍が引き起こしていることであるなら、しばらく続くだろうと言いました。

その後何回か、切開した傷口の洗浄をするために通院しましたが、ゴンはそのたびに大騒ぎ。もしかしたら、そこの動物病院で一、二を争うくらいのやかましさだったかも。16歳のおじいさん犬がと考えれば、それもちょっとかわいいかな？

＊

やがて、点滴のときと同じように洗浄も家でやることになりました。だんだん家での〝医療行為〟が増えていく。

でも私がんばるよ、ゴン。

もう「できるかな〜、怖いな〜」なんて言ってる場合じゃないのです。「かげやま動物病院」は誠心誠意、患者さんのお世話をいたします!

傷口の洗浄はこうです。喉に開けられた穴に、大きな注射器で消毒液を少しずつ入れていき、別の穴からそれを押し出す。このときに中の膿が消毒液と一緒に出てくる。

動物病院のときと違って、ゴンはあまり騒ぎませんでした。ゴンがウトウトしているときを見計らって行ったのがよかったかな。あと多少やり方がヘタでも、家族だから許してくれたのかもしれません。

この頃になると、私は点滴もスムーズにできるようになっていました。最初は心の準備に時間がかかっていたけど、いつのまにか「さ、やっちゃいましょう」になりました。

*

振り返ってみると、ゴンが病気にかかってからいろんなことに挑戦してきました。流動食、投薬、鎮静剤を飲ませる、点滴、傷口の洗浄。それからトイレの工夫や快適な寝床について考えたり。

ゴンが私にいろいろ経験させてくれてるんだな、と思います。私たち家族は、ゴンに鍛えられてる。

でもあまり悲しいことまで経験させないでね、お願いね。

*

11月半ば過ぎから、ゴンは夜中に頻繁に起きるようになりました。ときには1時間おきに吠えて私たちを起こすことも。

私たちも眠りたいし、近所にも迷惑になるといけない。それにこれではゴンだって体が休まらない。先生に相談して、鎮静剤を飲ませる回数を少し増やしました。

でも飲ませる前に、吠える原因になっていると思われることをひと通りやりました。それが解決しないと、いくら鎮静剤を飲んでも眠れない。それに、解決できれば、もしかしたら鎮静剤を飲まなくても済むかもしれないと思うから。

オネショをして不快なのか？
トイレに連れて行ってほしいのか？
水が飲みたいのか？
お腹がすいていないか？
寒くないか？
淋しいのか？
痛みがあるのか？（悲しいことにこれは鎮静剤を飲ませてあげるしかなかった）

たいていはトイレシートを替えて、お水を少し飲ませたら落ち着きました。
でもひとつだけ、なかなか気づいてあげられなかったことがありました。

それは昼夜を問わず、ウンチが出そうなのに自分では出せなくて吠えていたというとき。お腹に力が入らないのです。

後になって「もしやウンチか？」と気づいて振り返ると「あのときも、あのときもそうだったのでは」と思い当たることが多々。

ゴンの年からして、やたらに吠えている（ように見える）と、認知症のせいなんだろうなと思いがちでした。吠えちゃうのも仕方ないとあきらめてしまうような……。

でもたとえ認知症であっても、吠えているのには理由がある。そう気づいてからは、ゴンの気持ちをまたひとつ理解してあげられるようになったと思います。

ゴンの体を拭くのに
ウォーターレス シャンプーを使った。

お腹まわりは特に
オシッコで汚れやすい。
1日に1回はこれで拭くと
とてもスッキリして
気持ちよさそうだった。

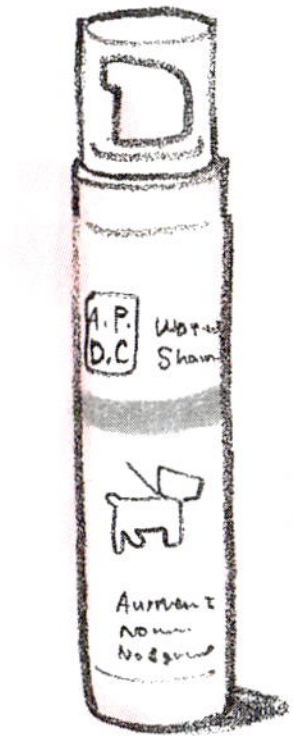

A.P.D.C.
ウォータレス
シャンプー
（200ml）

ティートリー、ローズマリー、
ラベンダー、ユーカリなど
自然の香り

ついでに足のストレッチや
肉球マッサージも。

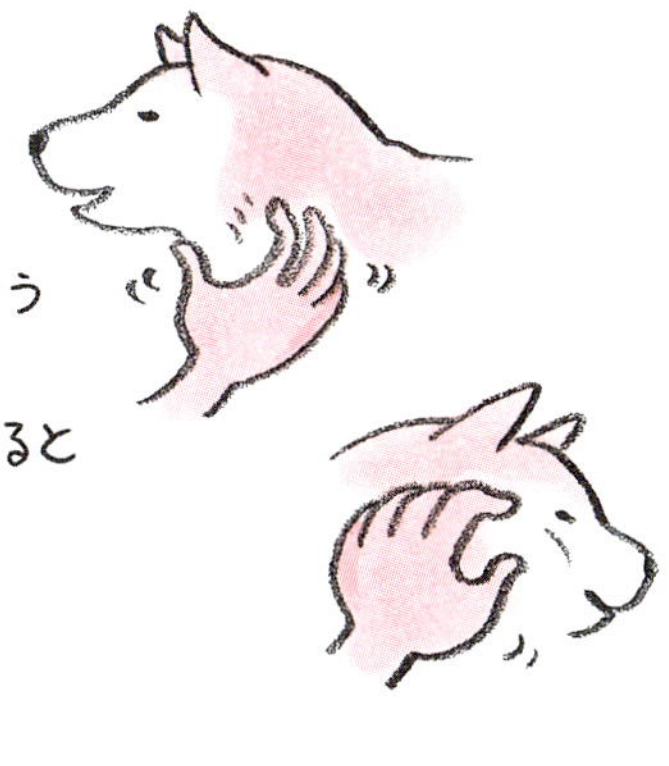

ゴンはどこをなでても
以前ほど「気持ちいい」という
表情を見せなくなったけど、
のどやほっぺたをマッサージすると
目を細めていた。

ウンチが出そうで出ない時、
肛門を綿棒で刺激するという方法を
教えてもらった。

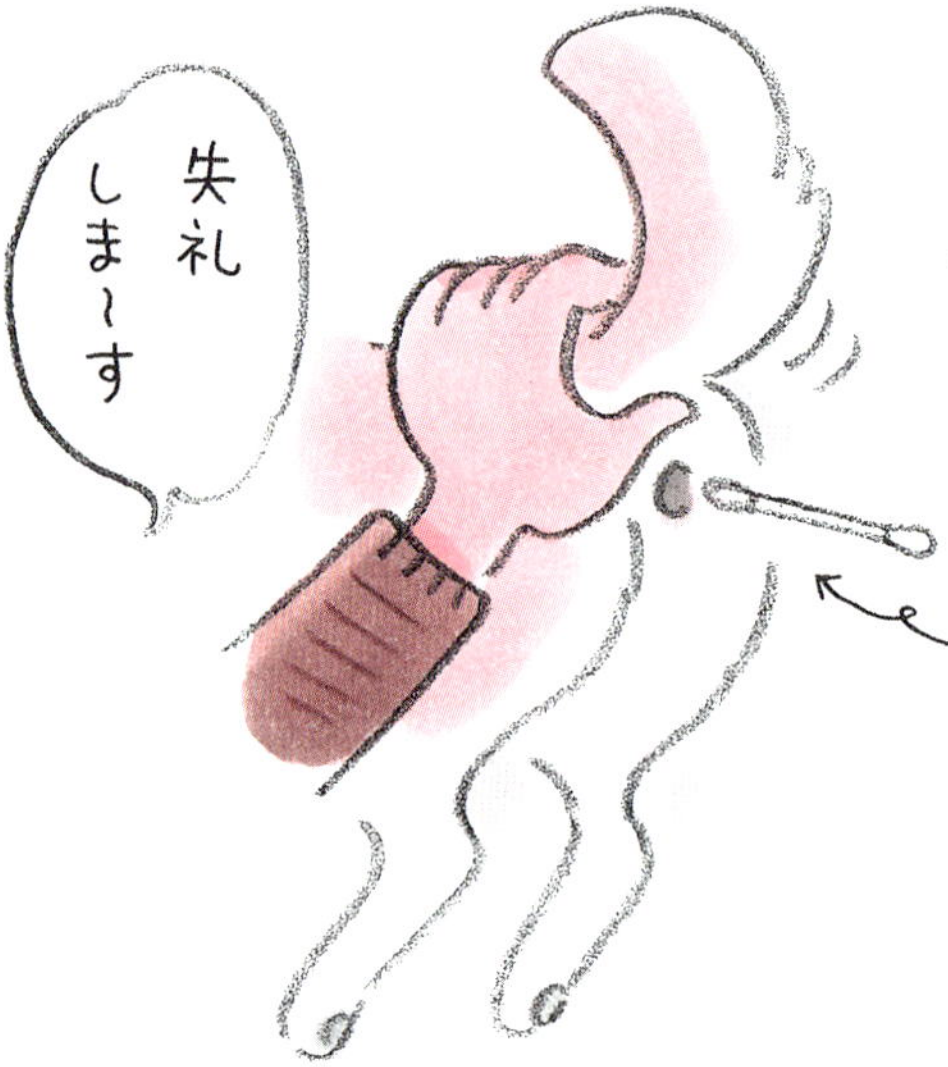


綿棒の先に
オリーブオイルをつけて、
肛門をそっと刺激する。

慣れてきたら、手の感触で
ウンチの存在がわかるように
なった！
注意深くマッサージするように
肛門へと押し出した。

# ゴンの1日 闘病7カ月目のある日

- **0:00〜6:00** 30分〜1時間半おきにトイレシートにオネショをして目覚める（ワンワン!）トイレシートを替えてもまだ鳴くときは夜食を少しあげる。
- **6:00**（朝食の支度）◀ ゴハン＋薬 → テツの散歩&ゴハン
- **7〜9**（7〜12:00 仕事をする）鎮静剤で熟睡
- **10** ◀ オネショをして目覚める（ワンワン!）→ ゴハン
- **11** ◀ ゴハン＋オシッコ（室内トイレ）
- **12:00**
- **13** ◀ ゴハン → ウンチ（ワンワン!）
- **14〜17**（外出する）鎮静剤で熟睡
- **17** ◀ オネショをして目覚める（ワンワン!）→ ゴハン＋薬 → テツの散歩&ゴハン
- **18:00** ◀ オネショをして目覚める（ワンワン!）→ ゴハン 少々
- **19**（19〜20 夕飯の支度）◀ オネショをして目覚める（ワンワン!）→ ゴハン 少々
- **20** ◀ オネショをして目覚める（ワンワン!）
- **21** ◀ ゴハン
- **22** ◀ ウンチ（出そうで出ないので肛門を綿棒で刺激したら出た）
- **23** 鎮静剤を飲んで寝る
- **24:00**

（翌0:30　ウンチが出て目覚める　ワンワン!）

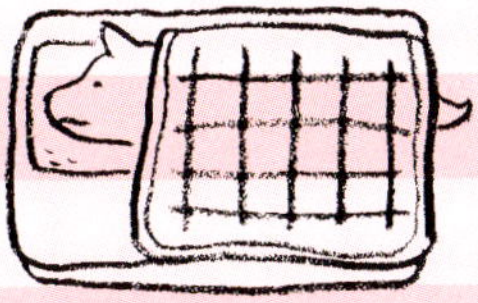

寝たまま生活のゴン。毛布と湯たんぽで暖かくしている。

ベッドの上に敷いたトイレシートにオシッコ。体が濡れるのを嫌って吠えるので、すぐトイレシートを取り替える。

（凡例）ゴハン　薬

久しぶりに海岸へ行った。
ゴンを気遣い、
時々様子を見に来るテツ。
優しいコになったね。

# 4章
# ゴンの旅立ち

# 1

# ゴンを叱ってしまった

ある日、夜中の12時を過ぎた頃。私がベッドに入って間もなくのことです。いきなりゴンが「ギャーン」と吠えました。驚いて起きるとゴンがオナラをひとつ、プッ。続いてウンチを2粒、コロッコロッ。

「びっくりした～。何事かと思ったよ。大げさだなぁ、ゴンは」

言うが早いかまた「ギャーン」、プッ。爆笑する夫と私をよそに、ゴンはすぐにスヤスヤと眠りにつきました。

この頃のゴンはウンチが一大事でした。「事件が肛門で起こっている！」とばかりに、毎度でっかい声で吠えるのです。ウンチの状態は健康なときと全く同じだから、お腹が痛いわけではないのでしょう。

りきんで声が出てしまうのか？

＊

それにしても声がでかすぎる。お腹がすいたときもそう。淋しいときも、以前は「フーン……」だったのが「フーワン！」になってきた。

「ゴンちゃん、元気だねぇ。このコは病気なんかじゃないね。さては仮病だね？」

そんな風に笑っていられるときがほとんどでしたが、耳元で「ワンワン！」とやられたときに、思わず言ってしまいました。

「うるさいよ！」

ゴンはシーンと静かになりました。それで私は、「ごめん、ごめんね、

怒ってごめんね」と何度も謝って、すごく悲しい気持ちになって、もう二度とこんなことはするまいと誓いました。

けれどその後も何回か「うるさい」って言ってしまったのです。

ゴンはわがままで吠えてるんじゃないのに。辛いのはゴンなのに。

夫は私よりもっと怒っていて、私たち疲れが出てるんだなと感じました。でもだからといって怒鳴るなんて悲しい。

夫だって、本当はゴンのことを怒りたいわけではないでしょう。


あるとき、私は夫に言いました。自分にも言い聞かせるつもりで。

「私もついゴンのこと怒っちゃったりしたけど、なるべく怒らないであげて……。きっと、ゴンはもうそんなに長く生きられない。ゴンが一生の最後に、私たちの怒った顔ばかりしか見られなくていいの？」

夫は何も言いませんでしたが、ハッと気づいてくれたようでした。

＊

12月に入り、またゴンの体に異変が起きました。黒目がユラユラと左右に揺れています。本で見たことのある「眼振」ってやつだなと思いました。

体を起こすとまっすぐ前を向けずに首が90度近く傾いてしまいます。

老犬が発症しやすい前庭障害かもしれない。

先生に診てもらうと、やはりそのとおりでした。そしてがんが脳に転移している可能性もゼロではないとのこと。

人間ならこういう場合はすぐにMRI検査となるそうですが、犬は全身麻酔をしなければならない。となると、今のゴンが検査をすることは難しい。

それでも、きっと気分が悪かったり吐き気がするだろうからと、症状を和らげるお薬を出してくれました。これでしばらく様子を見ることに。

そういえば先生、首をかしげていました。「食欲はあるんですねぇ？」

「はい、1日5回以上、しっかり食べています」と私。

そう、ゴンは吐きもしないしお腹もこわしていない。だから体力が続いているのでしょう。すごいなぁ、ゴン。先生もゴンのことそう思ってるにちがいないよ。

ホントのところ、ゴンの体の中がどうなっているのかはわからない。たぶんすごく辛い状態にちがいない。転移もしているかもしれない。

でもちゃんとゴハンを食べているんだもの、まだまだ大丈夫だよね？ゴンが流動食をソースポットからアムアムと食べている姿を見ると、私の不安も消えていくのでした。

ある日、診察の最後に思いきって聞いてみた。

先生ニヤリとしつつ、なめても大丈夫なものを塗ってあげたらとアドバイスしてくれました。

時々オリーブオイルをちょびっと塗ってあげた。

最近テツがゴンの寝顔を
じっと見ていることがある。

天気のいい日は
一緒に日なたぼっこ。

この柵を取りはらっても
いいかなと思う。
テツがゴンを起こさない
ように上手に寄り添って
くれるかが問題だけど♪

## 2 静かなる闘いから一転

冬に入ってから、ゴンのお世話のタイミングはだいたい1時間半〜2時間ごとに。昼間でも夜中でも、です。

オシッコが出ていたらトイレシートを替える。出ていなければトイレに連れて行ってオシッコさせる。それから水を飲ませる。

だんだんとお世話のパターンが決まり、大変ではあるけれど日常生活のひとつとしてこなせるようになっていました。

最初の頃は夜中に起きるのは私だけだったけど、この頃には夫も交代で起きてくれるようになったので、だいぶ楽になりました。

ゴハンについては、一度に食べられる量が減ってきたので、少しず

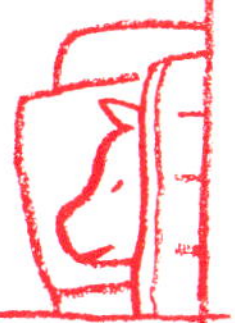

つ何度もあげる。ときには1日に10回なんていうこともありましたが、
食べる全体量は減らず食欲があるのが頼もしかった。

12月半ばには、心配だった眼振も落ち着いてきました。
先生も「病気は進行しているけど、状態はいいですね」と。そして
「ご家族がきちんとケアしてあげているからだと思いますよ」と言っ
てくれたのです。うれしかった。
でも、こんな風にも言ったのです。
「このまま今の状態が続いていくように思えるかもしれないけれど、
残念ながらそうではないと思います」
悲しいけれど、先生は私たちに覚悟をしておかないといけないよと
伝えたかったのでしょう。

ゴンが歩けなくなってからは、
布団の「流星号」のまま車に乗せて
動物病院へ行っています。

車の中で待っていて、
呼ばれたら
流星号で入場！

診察室

ゴンもこの方が
抱っこより楽そうだった。

診察室が空いているときは
流星号で待機。

ちょっと
はずかしかった
けど……
ひまつぶしに
ゴンの耳を
いじっている

ちょうど2人分の
ひざに乗った。

暮れも押し迫った頃、先生の言ったとおりゴンに変化が表れてきました。

食べる量がぐっと減ってしまったのです。夕食用に作った流動食が、ほとんど翌朝まで残ってしまうほど。

さらにゴンが辛そうな素振りを見せるようになりました。ゴハンの後、犬かきのようなしぐさで前足を動かしてもがくのです。そして擦《かす》れた声で小さく吠える。

なにか喉の奥につかえているみたい？　口の中にあるような腫瘍が喉の奥にもできているとしたら、それもあり得ます。

先生に話したら、やはり食べ物がつかえたりして気になるのだろうとのこと。流動食でもつかえてしまうなんて……。

水を飲ませてもそれは解決せず、抱っこして背中を軽くトントン叩《たた》

いても変わらず。
思い切って立たせて、犬の自然な立ち姿にしてみたら、なんとか収まりました。それからは、食後に姿勢を変えたりして注意深く見守ることにしました。

＊

あまり明るい状況ではないまま、静かに年が明けました。そしてさらに嫌な兆候が。少し前からゴンのあごの下が膨らんでいるのが気になっていたのですが、それがどんどん大きくなっている。

「きっとまた膿がたまったんだね。切開して膿を出してもらわないといけないね」って病院に行きました。

ところが先生に診てもらったら、今度のは膿ではありませんでした。

それは腫瘍の膨らみだったのです。

やはり先生が言っていたように、同じ状態がずっと続くのではなかったんです。

これまでは、折れ線グラフの低いところで静かに病気と闘っているような生活でした。それが急にガクンともっと低いところへ落ちたみたい。これからどうなっちゃうんだろう。

私の不安をよそにゴンは診察台の上に寝たままトイレシートにオシッコ。そして「ワンワン！」と吠えます。

看護師さんが「体勢が悪いのかな、ごめんね」と直してくれようとしたので、私は言いました。

「あ、すいません、大丈夫。たぶんトイレシートを替えてくれってことだと思うんです。ちょっとでも体が濡れると怒るんです～」

こういう状況でまだ頑固なところを見せているゴンに、先生もニヤリとしていました。

そして別れ際に「次はお花見ですね」と、ひと言。そうだ、私が暗くなってちゃいけない。満開の桜の下を家族みんなで歩こう。私は思い描きました。ゴンを抱っこしている夫、その足元にテツがいる。私がカメラを向けている。家族2人と2匹、桜の花《はな》吹雪《ふぶき》に包まれている。みんな、笑っている。

3

# 幸せだったかい？

ガンと診断されてから7カ月。この間、ゴンと私たち家族はいつも小さな夢をひとつひとつ実現させてきました。最初は16歳のお誕生日を無事に迎えられますように。それから夏の暑さを乗り切れますように。クリスマスやお正月を一緒に過ごせますように。

そして今度は、一緒にお花見できますように。いやその前に、冬の寒さに負けませんように。

とにかくゴンの体をいつもポッカポカに温かくすること。それから好きなものばかり食べさせて、少しでもいい気分にさせてあげよう。

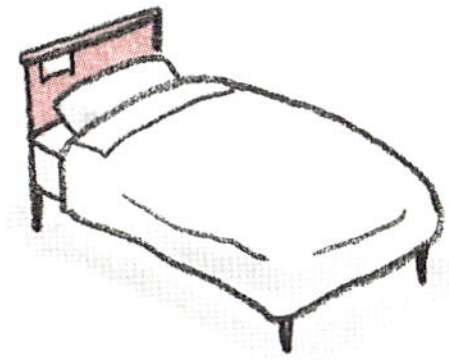

でもそう思う一方で、私はチラリと弱気になりました。今度ばかりはその夢は叶えられないんじゃないか、って。

その心の隙に悪魔がつけこんだのか、私はノロウイルスにかかってダウンしてしまいました。水を飲んでも吐いてしまう状態で、病院で2時間の点滴。ベッドの上に横たわりながら、ゴンのことが猛烈に気になりました。

私はやっとのことで夜遅くに帰宅しました。ゴンは鎮静剤を飲んで眠っています。その晩は夫がゴンとふたりでリビングに寝ると言い、私は一人でゆっくり休ませてもらうことに。

夜中じゅう、ゴンがひっきりなしに「ワンワン！」と吠えては夫が起きてお世話をしているようでした。ゴンはいつもより短い間隔で吠えており、夫がイライラしている様子が物音から伝わってきます。

後になって、あのときゴンは私を呼んでたのかなと思いましたが、起き上がれなかった。この晩のことは後々ずっと悔やまれました。

ゴンは翌日からゴハンを上手に飲み込めなくなってきました。ソースポットからシリンジに替えて流し込んでも、すぐ口を動かさなくなってしまう。

「食べられなくなったら最期が近い」って、誰かが言ってた。そんな……。ゴンは、私がダウンしたのを見て「母にはもう無理だな」と思ってしまったのでしょうか。

なんとかゴンに食べてほしくて、大好物のプリン、それからハチミツ入りの葛湯などを口に持っていきます。するとゴンはアムアムと口を動かしました。

よかった、甘いものがいいんだね！　友人が作ってくれた梅酵素ド

リンクを10㎖ほど飲んだときには「うま～」と満足げな表情。クリクリのかわいい目になりました。

＊

弱っていく一方のゴンでしたが、要望があるとあいかわらず吠えています。深夜、何をしても鳴き止《や》まなかったので、私は朝になるまでゴンを抱っこしていようと思いました。

ダウンコートを着込んでゴンを抱きかかえながら横たわると、あれ、スヤスヤとよく眠るではありませんか。ゴンはもともと、添い寝を嫌がる犬。私はそれを物足りないと思っていたのに。

ゴンが眠ったのですり抜けて自分のベッドに戻ると、30分もしないうちに「アン！　エン！」と不満を訴えるような鳴き声。

この晩は
私がゴンの流星号に
なったのです。
乗り心地は
どうだったかな？

結局またゴンを抱きかかえて横になり、腕枕。

ゴンは柔らかな体を私に預けて静かに眠り、私も朝までよく眠れました。ふたりともポカポカでした。

＊

その3日後のお昼過ぎ。ゴンは静かに天国へと旅立ちました。

最後はまた「アン！　エン！」と吠えて私を呼び、抱っこすると間もなく息を引き取りました。

＊

前日に病院へ連れて行ったとき、夫と私はゴンとのお別れが近いことを先生に告げられていました。「2週間くらいでしょう……」と。

ゴンは体温がかなり下がってしまっていて、貧血もさらに進んでいたのです。

まさかその翌日に逝ってしまうなんて。私はゴンの亡骸《なきがら》にすがってわぁわぁと泣きました。いつのまにか大声で泣いていました。

気づくとすぐ横で、テツが向こうを向いてフセの格好でじっと座っていました。こちらを見られないんです。でもそばにいるんです。

私はハッと我に返りました。テツも、ゴンの最期を見届けたんです。一緒にいてくれたんです。テツ、ありがとう。

ゴンはとても穏やかな顔で、眠っているようです。私はゴンのほっぺたを両手ではさんで聞きました。「幸せだったかい？」

ゴンの一生は「めでたし、めでたし」って言っていいのかい？

私には気になっていたことがありました。ゴンを無理にがんばらせちゃったのかもしれない。

でもテツのしつけの先生がこう言います。

「がんばったんじゃない、それが自然だったんです。あなたの作ったゴハンをおいしく食べてその気持ちに応えることが、ゴンにとって自然だったんですよ」

＊

＊

「柴犬ゴンの病気やっつけ日記」はここで終わります。

ガンとわかってから7カ月、病気と闘い続けてきたゴン。

ゴンは病気をやっつけられなかったのでしょうか。いいえ、そうではないと私は思います。

病気を「やっつける」とは、治すということだけではないはずです。病気に「してやられない」ということだと思うのです。

よく食べ、よく吠え、いつもその瞬間を自分らしく生きていたゴン。ゴンは太く生きました。私はそんなゴンを誇りに思います。

あの日の添い寝は、ゴンから私へのプレゼントでした。

粋なはからい、ありがとう。そっけないふりをして、実は家族のことをちゃんと見てくれてたゴン、ありがとう。

ゴンちゃん、今まで一緒にいてくれて、本当にありがとう。

# 流動食ゴンspecialの

## メニューいろいろ

材料はすべて少量ずつ
ハンドミキサーにかけて
ゆるいペーストにしました。

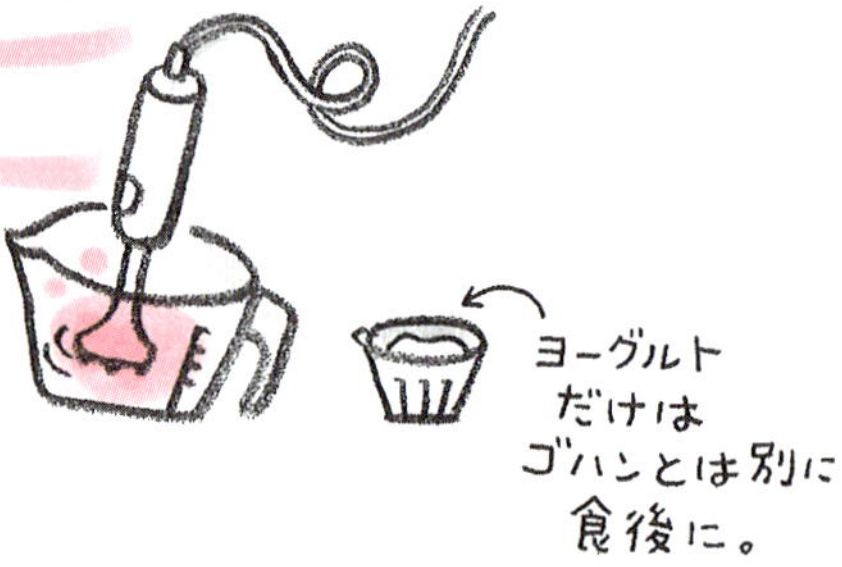
ヨーグルトだけはゴハンとは別に食後に。

シメジ
エノキ
カツオ
サッと茹でる。
6月下旬
ある日の
朝食
免疫力UPに期待して！
ヨーグルト
お刺身の残りを茹でておいた
ふやかしたドッグフード

ハチミツ好き～♪
ハチミツ
キュウリ
利尿作用に期待して！
6月下旬
ある日の
オヤツ

納豆
抗酸化作用
茹でたひじき
キャベツ（生）
酵素を摂取！
8月上旬
ある日の
夕食
茹でたササミ
しょうが汁少々
体を温める食材
ヨーグルト
ふやかしたドッグフード

9月下旬
ある日の朝食
サーモン
焼いて香ばしい匂いも楽しむ
豆腐
しょうが汁少々
もずく
ヌルヌルが粘膜強化にいいらしい
カボチャ
体を温める食材
ヨーグルト
ふやかしたドッグフード
9月下旬
ある日のオヤツ
プリン大好き♪
いただいたカボチャプリン
お豆腐の匂いちゃんとわかるよ
くんくん
11月中旬
ある日の夕食
シイタケ
茹でて
納豆
とりレバーを茹でてしょうが汁とともに
血液検査の結果、貧血が進んでいたので
もずく
ヨーグルト
ふやかしたドッグフード
白菜（生）
1月7日
昼食
春の七草
茹でて
日本犬だもの
サーモン
茹でて
しょうが汁
もずく
ウンチが出にくかったので
おからと竹粉をふやかして
1月25日
昼食
昆布だしの葛湯
うまー
ゴンはいつもお腹がいっぱいになると笑顔になりました！
これが最後のゴハンでした

## 影山直美《かげやま＊なおみ》

イラストレーター。埼玉県出身。柴犬のテツ、夫とともに湘南に暮らす。柴犬との暮らしを題材にした4コママンガやイラスト、エッセイ、版画作品など多数。また、手ぬぐいや活版印刷ポストカードなどのオリジナル柴犬グッズも制作している。
著書に「柴犬さんのツボ」シリーズ、『銀柴さん～柴犬のゴンが語る長生き生活の知恵』、絵本『柴犬さんのあいうえお帖』（以上、辰巳出版）、「うちのコ柴犬」シリーズ、『柴犬ゴンはおじいちゃん』（以上、KADOKAWA）、『柴犬ゴンのへなちょこ日記』（幻冬舎）などがある。

● 著者ホームページ
http://www.geocities.jp/atelierkotori/

デザイン＊ 大久保裕文＋小倉亜希子（Better Days）
DTP＊ アイ・ハブ
校正＊ みね工房

**柴犬ゴンの病気やっつけ日記**
**がんと向き合った7カ月**

2014年7月5日 初版第一刷発行

著　者　影山直美
発行者　栗原武夫
発行所　KKベストセラーズ
〒170-8457
東京都豊島区南大塚2丁目29番7号
電話　03-5976-9121（代表）
振替　00180-6-103083
http://www.kk-bestsellers.com/
印刷所　近代美術
製本所　ナショナル製本


ISBN 978-4-584-13581-5 C0095